U0874890

鲑鳟鱼
健康生产与食用

GUI-ZUN YU JIANKANG SHENGCHAN YU SHIYONG

卢彤岩　曹永生　主编

黑龙江科学技术出版社
HEILONGJIANG SCIENCE AND TECHNOLOGY PRESS

图书在版编目（CIP）数据

鲑鳟鱼健康生产与食用 / 卢彤岩，曹永生主编. --
哈尔滨：黑龙江科学技术出版社，2021.12（2024.10 重印）
ISBN 978-7-5719-1212-3

Ⅰ. ①鲑… Ⅱ. ①卢… ②曹… Ⅲ. ①鲑科 – 鱼类养
殖 Ⅳ. ①S965.232

中国版本图书馆 CIP 数据核字(2021)第 247587 号

鲑鳟鱼健康生产与食用
GUI-ZUN YU JIANKANG SHENGCHAN YU SHIYONG
卢彤岩　曹永生　主编

责任编辑　焦　琰
出　　版　黑龙江科学技术出版社
地　　址　哈尔滨市南岗区公安街 70-2 号
邮　　编　150007
电　　话　（0451）53642106
传　　真　（0451）53642143
网　　址　www.lkcbs.cn
发　　行　全国新华书店
印　　刷　哈尔滨午阳印刷有限公司
开　　本　880 mm×1230 mm　1/32
印　　张　6.125
字　　数　190 千字
版　　次　2021 年 12 月第 1 版
印　　次　2024 年 10 月第 3 次印刷
书　　号　ISBN 978-7-5719-1212-3
定　　价　25.00 元

编委会

主　编　卢彤岩、曹永生

编著者（按姓氏笔画排序）

王乐　王荻　王炳谦　王继隆　户国　任广明
刘洋　刘红柏　刘恩慧　杜宁宁　李绍戊　谷伟
宋聃　陈福广　邵铁智　赵晨　赵景壮　都雪
徐革锋　徐黎明　黄天晴　韩世成　霍堂斌

编著单位　中国水产科学研究院黑龙江水产研究所

前　言

鲑鳟鱼，是一个笼统的概念，它不是特指某一种鱼，而是鲑鱼和鳟鱼的统称，也可被称作鲑科鱼类。中国记载的土著鲑科鱼类有6属13种，占世界鲑科鱼类总数的20%以上。它们之中既有我们所熟知的“恋家”大马哈鱼，也有疑似是“新疆喀纳斯湖水怪”的哲罗鲑。近年来以大西洋鲑（*Salmo salar*）和虹鳟（*Oncorhynchus mykiss*）为代表的鲑鳟鱼全球养殖年产量约332万吨（FAO，2018），是仅次于鲤科鱼类和罗非鱼的世界第三大主要养殖鱼类。

鱼类是人类非常重要的食物来源，约占全球人类消耗动物源蛋白总量的16%，联合国粮食及农业组织曾估算世界范围内近10亿的人口将鱼类作为他们的动物蛋白主要来源。鲑鳟鱼因其良好的经济效益、优良的生长性状、较高的营养价值、理想的游钓价值和观赏价值成为世界范围内高档水产品。鲑鳟鱼在我国的养殖源于20世纪50年代，在经历了引进试验养殖阶段、停滞阶段、恢复发展和稳定发展几个历史时期后，现已进入到了产业化快速发展阶段，鲑鳟鱼产量也逐年上升，已成为我国目前主要养殖和消费的冷水性经济鱼类。海关总署公布数据显示，我国每年由挪威、智利等国进口约10万吨鲑鳟鱼，而据2018年《中国渔业统计年鉴》公布的数据，2017年我国养殖鲑鳟鱼年产量仅为4.46万吨，所以我国鲑鳟养殖业在具有较好市场需求的同时又面临着严峻国际竞争的考验。另一方面，合理利用国东北、西北、华北及西南的冷水资源发展鲑鳟鱼养殖，对产业精准扶贫和当地现代渔业的发展也都具有积极的意义。农业农村部《2020年渔业扶贫和援藏援疆行动方案》中冷水鱼（鲑鳟鱼）养殖位列其中，在渔业科技援疆援藏和促进当地渔业高质量发展中扮演了重要角色。

与以“青、草、鲢、鳙”四大家鱼为代表的大宗淡水鱼相比，人们对鲑鳟鱼的了解和认识还远远不够。无论是从根本上什么是鲑鳟鱼？如何分辨种类？他们从哪来？还是说到现实中为什么说吃鲑鳟鱼有益健康？甚至怎么用鲑鳟鱼来制作精美菜肴大家可能都不尽知。从个人来看，我们很可能错过了这种高营养价值、健康而美味的鱼类，而从产业来说，消费者的选择迷茫和误区将会直接影响我国鲑鳟鱼养殖业的持久发展。因此，我们“抓住”这条鲑鳟鱼，根据现有知识体系，着重“健康”二字，从头开始对其进行了系统梳理，上至“鲑鳟鱼的种类和分布”和“鲑鳟鱼绿色养殖”，下至“鲑鳟鱼的营养价值和烹饪方法”，力求为广大读者提供一份充满知识性的科普读物。

本书由中国水产科学研究院黑龙江水产研究所卢彤岩研究员和曹永生副研究员负责组织和统稿。本书主要分为 9 个章节。第一章由黑龙江水产研究所霍堂斌副研究员负责，主要编著人员为黑龙江水产研究所霍堂斌副研究员、赵晨助理研究员、都雪助理研究员、王乐助理研究员和宋聃助理研究员；第二章由黑龙江水产研究所徐革锋研究员和王继隆助理研究员负责和编著；第三章由黑龙江水产研究所韩世成副研究员和刘洋副研究员负责和编著；第四章由黑龙江水产研究所王炳谦研究员负责，主要编著人员为黑龙江水产研究所黄天晴助理研究员、刘恩慧助理研究员、谷伟副研究员、徐革锋研究员；第五章由黑龙江水产研究所刘红柏研究员负责，刘洋副研究员编著；第六章由黑龙江水产研究所卢彤岩研究员负责，主要编著人员为黑龙江水产研究所卢彤岩研究员、李绍戊研究员、徐黎明副研究员、曹永生副研究员、王荻助理研究员、赵景壮助理研究员、任广明助理研究员、陈福广助理研究员和邵铁智助理研究员；第七章由黑龙江水产研究所杜宁宁助理研究员负责和编著；第八章由黑龙江水产研究所卢彤岩研究员和曹永生副研究员负责和编著；第九章由黑龙江水产研究所户国副研究员负责和编著。

在写作过程中，编者在立足自身研究成果的同时，为了保证内容的全面性和准确性，还参考了国内外学者和媒体的一些资料，在此，我们表示诚挚的谢意！

本书对鲑鳟鱼进行了整体介绍，虽然较为完整，但由于涉及到诸多专业领域，编者水平有限，难免个别之处有所不当，恳请广大读者予以理解和指正。

编者 2021 年 3 月

目　录

第一章　鲑鳟鱼资源分布与合理利用

鲑鳟鱼，是一个笼统的概念，它不是特指某一种鱼，而是鲑鱼和鳟鱼的统称。鲑鱼和鳟鱼各自又包括好多种类，如大西洋鲑、太平洋鲑、银鲑、北鲑等都属于鲑鱼，虹鳟、河鳟、金鳟等都称为鳟鱼。因此，严格地讲，应该称鲑鳟鱼为鲑科鱼类，它包括鲑亚科、白鲑亚科、茴鱼亚科所属的所有种类。人们之所以将如此多的鲑科鱼类笼统地称之为鲑鳟鱼，在很大程度上与大西洋鲑和虹鳟这两种鱼在鲑科鱼类总产量中一直占有绝对优势有关。

鲑科的一些种类能适应各种盐度，自然条件下它们多生长于常年水温不超过 20℃、水质为贫营养性的水体中，因此又称之为冷水性鱼类。由于鲑科鱼类对生存水质有非常高的要求，略有污染即无法生存，因此被公认为是天然的绿色食品。与其他鱼类相比，鲑鳟鱼具有高蛋白、高脂肪、低胆固醇等特性，含有丰富的氨基酸、不饱和脂肪酸、矿物质和维生素，DHA、EPA 含量高于其他鱼类数倍，且含有一般鱼类所缺乏的甘氨酸，维生素 A、B 族维生素也高于其他鱼类，微量元素铁的含量更是其他鱼类所不及。鲑鳟鱼因肉味鲜美，营养丰富，深受人们的欢迎，一直以来是国际水产品市场上的畅销产品。

一、鲑鳟鱼的分类

到目前为止，科学家们采用分类学方法将世界上的鲑科鱼类分成数十个种类，鲑科隶属于硬骨鱼纲、辐鳍亚纲、鲑形目。鲑科鱼类 70 余种，分属鲑亚科、白鲑亚科和茴鱼亚科。其中，较为重要的种类为鲑亚科的 5 个属，包括大麻哈鱼属、鲑属、红点鲑属、细鳞鱼属、哲罗鱼属；白鲑亚科只有 1 个白鲑属；茴鱼亚科只有 1 个茴鱼属。

中国记载的土著鲑科鱼类有 6 属 13 种，占世界鲑科鱼类总数的 20%以上。另外，茴鱼属过去属于茴鱼科，目前列为鲑科茴亚科，我国的土著茴鱼属鱼类有 4 种。大麻哈鱼属：大麻哈鱼、马苏大麻哈鱼（包括洄游种和陆封种）、驼背大麻哈鱼；红点鲑属：花糕红点鲑；哲罗鱼属：哲罗鲑、石川哲罗鲑和川陕哲罗鲑；细鳞鱼属：细鳞鲑；白鲑属：乌苏里白鲑、卡达白鲑；北鲑属：北鲑；茴鱼属：黑龙江茴鱼、下游黑龙江茴鱼、鸭绿江茴鱼和北极茴鱼。随着鲑鳟鱼养殖技术的不断完善，银大麻哈鱼、虹鳟、白斑红点鲑、大西洋鲑、褐鳟等种类的引进，使我国鲑鳟鱼的养殖种类不断增加。

二、常见鲑鳟鱼

1. **大麻哈鱼** *Oncorhynchus keta*（Walbaum）（图 1-1）

体型长、侧扁，头后背部逐渐隆起，至背鳍基部向尾部微弯。头侧扁，眼小，吻端突出，形似鸟喙，生殖期雄鱼吻端突出显著。为凶猛掠食性鱼类，以小型鱼类为食，幼鱼阶段主要摄食水生昆虫。大麻哈鱼为溯河洄游性鱼类，生活成长于北太平洋（北纬 35°以北）中，进入我国水域的都是性成熟回归产卵的亲体。大麻哈鱼有两个生态类群，即夏季溯河回归的夏鲑和秋季溯河回归的秋鲑，进入我国境内的仅有秋鲑。大麻哈鱼一生只生殖 1 次，性成熟个体年龄主要是 4 龄，其次是 3 龄和 5 龄，也有极少数为 2 龄的雄鱼和 6 龄的雌鱼。

图 1-1　大麻哈鱼

2. **虹鳟** *Oncorhynchus mykiss* (Walbaum，1792)（图 1-2）

体长形，近圆筒状，略侧扁。吻钝圆，口端位，上颌骨后延至眼下部后缘，鳞细小，背鳍较短。体背部青绿色，腹部灰白或银白色，性成熟个体侧线有一条宽而艳丽的橘红纵带。体侧上半部分布很多黑色小斑点。为肉食性鱼类，自然食物以掠食小型鱼类、甲壳类及水栖昆虫等为主，也跃出水面捕食临近水面的飞虫。虹鳟原产北美洲山区河流中，有陆封型和降海型之分，目前是分布国家最多、区域最广的可养殖鱼类之一。

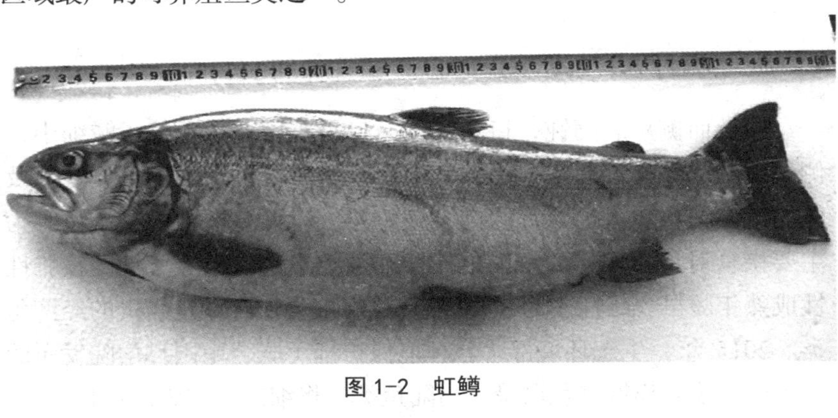

图 1-2　虹鳟

3. **大西洋鲑** *Salmo salar* Linneanus（图 1-3）

外形呈梭形，口大，吻圆钝，口端位，上、下颌骨发达，体背细小的圆鳞，侧线一条。大西洋鲑俗称“三文鱼”，在海洋中体表呈银白色，且有蓝绿色光泽，进入淡水后体色转变为黄绿或黄褐色，并带有绿色及红褐色的斑点。大西洋鲑有洄游型和陆封型两种。洄游型大西洋鲑在淡水中产卵繁殖，在海水中生长发育，性成熟后再洄游到淡水江河中产卵繁殖；陆封型大西洋鲑终生栖息于淡水水域。

图 1-3　大西洋鲑

4. **细鳞鲑** *Brachymystax lenok* (Pallas)（图 1-4）

体长而侧扁。吻钝，口亚下位，口裂小，宽大于长。鳞细小，侧线完全。体背部黑褐色，体侧银白或呈黄褐色及红褐色，背部及体侧散布黑色较大斑点。为肉食性鱼类，以无脊椎动物、小鱼等为主要摄食对象，较大的个体也捕食蛙类及岸边鼠类等。雄性较雌性性成熟年龄早，雄性多为 3～4 年，雌性多为 5 年，是名贵的经济鱼类。2015 年，生态环境部（原环境保护部）联合中国科学院发布的《中国生物多样性红色名录 · 内陆鱼类》将细鳞鲑列为濒危种。

图 1-4 细鳞鲑

5. **哲罗鲑** *Hucho taimen* (Pallas)（图 1-5）

体形长，稍侧扁，背部略平直，头部扁平。口端位，吻尖，口裂大。体背部苍青色，体侧下部及腹部银白色，头部及体侧散有暗色小斑点；繁殖期雌、雄体均出现婚姻色，雄性婚姻色较为明显。腹部、腹鳍和尾鳍下叶皆呈橙红色。哲罗鲑是肉食性、凶猛的掠食性鱼类，四季均摄食，冬季食欲仍很强，仅在夏季水温升高时或在繁殖期摄食强度变弱，甚至停食。性成熟年龄为 5 年，产卵期在 5 月。由于分布区域日趋缩小，种群数量急剧减少，2015 年版《中国生物多样性红色名录·内陆鱼类》将哲罗鲑列为易危种。

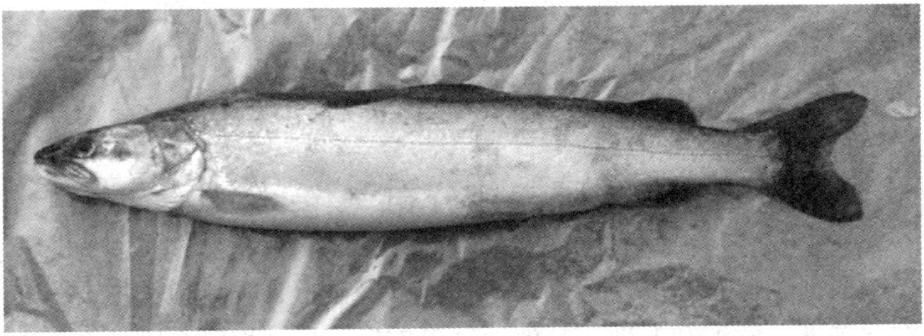

图 1-5 哲罗鲑

6. **黑龙江茴鱼** *Thymallus arcticus grubei* Dybowski

体长而侧扁，吻钝而短，口端位，口裂倾斜。背部和体侧为紫灰色，体侧具有许多黑褐色小斑点，幼鱼体侧除斑纹外，还有暗色横斑，随着生长而消失。黑龙江茴鱼栖居山涧溪流中，夏季多生活在水流较急、水草和昆虫较多的河川中，冬季在山溪深水处越冬。属洄游范围较小的种类。为动物食性鱼类，夏季在浅水处捕食水生昆虫和落入水表面的陆生昆虫，冬季一般也不停食。但因多分布在山间的溪流，数量较少，未能形成捕捞产量。2015 年版的《中国生物多样性红色名录 · 内陆鱼类》将黑龙江茴鱼列为易危种。

图 1-6　黑龙江茴鱼

三、鲑鳟鱼的国内外分布

根据全球生物多样性机构的调查结果显示，鲑科鱼类主要分布在北美洲、欧洲和亚洲，其他地区仅零星可见。据联合国粮食及农业组织（Food and Africnlture Organization of the United Nation，FAO）历年资料显示，从 20 世纪 50 年代到 21 世纪初，共有 15 种野生鲑科鱼有产量记录，有产量记录的国家共 34 个，欧洲最多为 25 个国家，美洲 6 个国家，亚洲 3 个国家。其中，俄罗斯、美国、日本和加拿大是野生鲑科鱼的主要产地，种类较为丰富，其次是西班牙和英国。根据各州野生鲑鳟鱼产量统计显示，美洲主要以细鳞大麻哈鱼、红大麻哈鱼、大麻哈鱼为优势种；亚洲主要以大麻哈鱼、细鳞大麻哈鱼为优势种；欧洲主要以细鳞大麻哈鱼、大麻哈鱼、银大麻哈鱼为优势种，主要种类自然分布详情见表 1。

我国的鲑科鱼类起源于亚欧北寒地带，第四纪冰川期南迁到我国，是冰川期的残留鱼类。它们是在新疆额尔齐斯河与乌伦古河，在东北辽河、松花江及嫩江隔离后才迁到额尔齐斯河、松花江与嫩江等处的。长江上游岷江、大渡河及汉江上游的川陕哲罗鲑，渭河、潮白河、滦河及浑河上游山区的秦岭细鳞鲑和台湾大甲溪的马苏大麻哈鱼，都是倒数第二次最严寒的冰川期或最后一次大理冰川期经日本海迁到黄海或东海东南部，然后因气候回暖，大部分逃回或死亡，只有少数溯逃到现今这些山区而残存下来，形成了数个孤岛般的分布区。

依据最新物种划分标准，中国记载的本土鲑科鱼类有 7 属 16 种，分别为大麻哈鱼属、红点鲑属、哲罗鱼属、细鳞鱼属、白鲑属、北鲑属、茴鱼属。大麻哈鱼属分布在黑龙江和图们江水系，中国台湾大甲溪有马苏大麻哈陆封种（樱花钩吻鲑）的记载；红点鲑分布在黑龙江、图们江和鸭绿江水系；太门哲罗鲑分布在黑龙江和额尔齐斯河水系；石川哲罗鲑分布在鸭绿江水系；川陕哲罗鲑分布在长江水系；细鳞鲑在黑龙江、图们江、鸭绿江、辽河、长江、黄河和额尔齐斯河水系均有分布；白鲑属分布在黑龙水系和额尔齐斯河水系；北鲑分布在额尔齐斯河水系；黑龙江茴鱼分布在黑龙江水系；鸭绿江茴鱼分布在鸭绿江水系；北极茴鱼分布在额尔齐斯河水系。

表1　主要种类自然分布

属	种	自然分布
大麻哈鱼属	大麻哈鱼	栖息于太平洋沿岸，主要分布在朝鲜半岛、日本、萨哈林群岛、中国的黑龙江、俄罗斯的远东地区到白令海峡等均有分布；太平洋的东岸，从美国的阿拉斯加到南部加利福尼亚的圣迭戈均有分布
	红大麻哈鱼	主要分布于北太平洋沿岸和美洲大陆(37° ~71° N)，性成熟后进入太平洋北部沿岸的河流中繁殖。太平洋西岸从日本的北部到白令海，东岸从白令海向南到加利福尼亚的洛杉矶均有分布。陆封型群体分布于美国的阿拉斯加、华盛顿和俄勒冈州，加拿大的不列颠哥伦比亚省
	细鳞大麻哈鱼	主要分布于北太平洋沿岸和美洲大陆(72° ~27° N)，性成熟后进入太平洋北部沿岸的河流中繁殖。在北极地区和东太平洋，从美国的阿拉斯加到阿留申群岛，加拿大到美国南部的加利福尼亚，从白令海到 Okhotsk 海均有分布。太平洋的西岸从俄罗斯到朝鲜半岛东部，以及日本的北海道均有分布
	银大麻哈鱼	在 37° ~72° N 的北太平洋沿岸，从俄罗斯北部到日本北海道的南部，从美国的阿拉斯加到加利福尼亚的巴加以及墨西哥等均有分布
	马苏大麻哈鱼	主要分布在西北太平洋鄂霍次克海、日本海、日本北部、朝鲜半岛东部。中国的绥芬河、图们江、黄海北部也有分布。在台湾省的大甲溪上游有马苏大麻哈鱼的陆封型群体，称为樱花钩吻鲑
	大鳞大麻哈鱼	分布于北太平洋沿岸和美洲大陆，性成熟后进入太平洋北部沿岸的河流中繁殖，太平洋西岸从日本海到北冰洋，东岸从美国的阿拉斯加向南到加利福尼亚均有分布
	虹鳟	原产于北美洲的太平洋沿岸，主要分布在美国的阿拉斯加的克斯奎姆河经落基山山脉西侧以及加拿大太平洋沿岸到美国加利福尼亚的巴加，再向南到达墨西哥北部的广大地区。此外，洛基山山脉东侧的皮斯、阿萨巴斯卡两河以及堪察加半岛的河流、湖泊中也有分布

续表

属	种	自然分布
鲑属	大西洋鲑	分布于大西洋西岸，南至美国南部的康涅狄格州，北至加拿大的魁北克；大西洋的东岸分布更加广泛，从北极圈一直到南部的葡萄牙。大西洋鲑还在缅因州的一些河流形成繁殖群体，在格陵兰、冰岛的一些河流也有大西洋鲑进入产卵。大西洋鲑的进入河流有很多，从不列颠群岛到欧洲大陆；从白令海到西班牙北海岸，包括流入波罗的海的河流
鲑属	褐鳟	冰岛、英国和欧洲大陆，从西班牙向阿富汗、俄罗斯、北挪威。在地中海沿岸国家以及非洲北部，均有褐鳟的分布。现在褐鳟已经被移植到世界各地，如美国北部和南部，非洲和亚洲
红点鲑属	白点鲑	主要栖息在 42° ~60° N 的山间溪流中，尤其喜栖居在河流的上游。有些种类或种群可以适应淡水、半咸水和海水生活，具有洄游习性
	花羔红点鲑	主要分布于中国东北地区，陆封型种类，不降海。花羔红点鲑的亚种分布在太平洋北部沿岸(71° ~48° N)，从北极地区的阿拉斯加到美国的华盛顿州，以及再向南的加利福尼亚州；西部则从白令海向南到朝鲜半岛和日本
	北极红点鲑	分布于大西洋北部(85° ~42° N)，从挪威的南部向北到冰岛和格陵兰，在英国的北部地区、斯堪的纳维亚、芬兰和阿尔卑斯山分布着不同的地理种群；陆封群体则分布于加拿大的魁北克、美国的缅因州和新罕步什尔
	美洲红点鲑	分布于北半球(60° ~41° N)，主要从美洲加拿大的东部到纽芬兰，向西到达哈德逊湾，大西洋的南部到大湖区、明尼苏达州的密西西比河湾、乔治亚州的北部均有分布
	湖红点鲑	红点鲑属鱼类中比较少的全陆封类型的种类。分布于 65° ~43° N，主要分布在美国和加拿大大湖区海湾，向北到加拿大的北部和阿拉斯加，向南到新英格兰
白鲑属	高白鲑	分布于 50° N 以北俄罗斯及北美洲地区的江河
	欧洲白鲑	有 17 个亚种，分布广泛，不同的亚种或不同的生态类群可以适应湖河、海洋、半咸水和淡水生活。其中，楚德白鲑(*Coregonus lavaretus maraenoides*)分布在 73° ~40° N 以内的水域，是一种可以作增殖、养殖、捕捞和游钓的种类
	凹目白鲑	主要分布在北半球纬度较高(73° ~62° N)相对狭小的区域内

续表

属	种	自然分布
白鲑属	齐尔白鲑	栖息在湖泊或河口地带，属于湖、河品种。几乎分布在 73° ~ 59° N、46° E～102° W 的北冰洋流域的河流内，从海湾到阿拉斯加和楚科河以及阿纳德尔河，从佩齐雷到科雷马和沙兰加角的北冰洋地带。很少出现在海里，但在某些岛屿有发现。在美国库斯克奎姆地区和伯恩赛德河流中也有分布
	目笋白鲑	分布于北冰洋与河流交汇的淡水区域，游入喀拉河到科雷马河之间的诸河流，勒拿河、鄂毕河等的下游
细鳞鱼属	细鳞鲑	主要分布于西伯利亚东部、蒙古北部、中国、韩国，欧洲和北美洲等地区，在亚洲北部大陆淡水水域内，东部的朝鲜半岛和中国的黑龙江以及甘肃等范围内均有分布，中国的中部地区秦岭一带也有分布。目前，在中国的黑龙江流域栖息着尖吻和钝吻两种形态特征的细鳞鲑
哲罗鱼属	太门哲罗鲑	主要分布于俄罗斯、蒙古、哈萨克斯坦，中国的额尔齐斯河、黑龙江、乌苏里江、喀纳斯湖等
茴鱼属	黑龙江茴鱼	分布于俄罗斯鄂霍次克海沿岸和日本海沿岸，在中国自然分布于黑龙江流域的黑龙江、嫩江、牡丹江、乌苏里江等支流和溪流中

四、鲑鳟鱼的国内外资源现状

根据资料显示，从 20 世纪 50 年代到 21 世纪初，野生鲑科鱼的产量呈现上升趋势，其中俄罗斯、美国、日本和加拿大是野生鲑科鱼的主要产地，种类较为丰富，占全球总产量的 96%以上，其次是西班牙和英国，不同国家野生鲑科鱼种类有所差异。美洲和欧洲的细鳞大麻哈鱼、大麻哈鱼和红大麻哈鱼产量居前三位；亚洲是大麻哈鱼、细鳞大麻哈鱼和马苏大麻哈鱼居前三位，但亚洲产量仅占全球产量的 14.99%。因此，从全球的统计数据看，细鳞大麻哈鱼、大麻哈鱼和红大麻哈鱼的产量居前三位，三者占鲑科野生鱼总产量的 95%以上。

目前，中国境内的野生鲑科鱼类除了大麻哈鱼属和白鲑属外，绝大部分种类如红点鲑属、哲罗鱼属、细鳞鱼属、北鲑属、茴鱼属，现存的资源量均不能形成捕获量。根据黑龙江省大麻哈鱼捕捞产量情况统计，2011 年产量最高，达到 1127500 尾，3368 吨。目前，我国针对鲑科鱼类已开展多项保护措施，包括建立珍稀冷水性鱼类自然保护区、完善鲑科鱼类保护及管理制度、加大鲑科鱼类增殖放流力度等，这些措施为恢复我国土著鲑科鱼类的种群数量及生物物种的持续繁衍和发展提供了有力保障。

五、鲑鳟鱼国内外养殖现状

国外对鲑鳟鱼养殖的研究起步较早，早在 20 世纪 20 年代，美国西部鱼类营养研究所就开始了虹鳟等鲑科鱼类营养生理学研究。到 70 年代，美国、挪威、日本等国家已在鲑鳟养殖技术、经营管理等研究领域取得了卓有成效的科研成果。据 FAO 统计数据显示，全球鲑鳟鱼养殖种类主要有褐鳟、红大麻哈鱼、银大麻哈鱼、北极红点鲑、大西洋鲑、马苏大麻哈鱼、大鳞大麻哈鱼、虹鳟、美洲红点鲑、多瑙哲罗鲑、塞凡湖鳟、金鳟等。鲑鳟鱼作为世界三大主养鱼类之一，其全球产量约为 318×10^4 吨（鲑鱼 236×10^4 吨，鳟鱼 82×10^4 吨）（2017 年）。21 世纪以来，大西洋鲑在鲑科鱼养殖中总产量最高，但虹鳟却是养殖国家最多的种类。根据 FAO 数据，自 1987 年开始到 2014 年养殖大西洋鲑产量整体呈上升趋势，除了 2007 年和 2008 年开始出现病害问题，导致连续几年减产，2010 后开始恢复增长，2014 年产量高达约 64×10^4 吨。从产量角度分析，世界鲑科鱼类养殖产量呈现上升趋势，其中欧洲鲑科鱼类产量居首位，其次是美洲和亚洲。挪威作为世界上第一大鲑鳟鱼类养殖生产国，主要以养殖大西洋鲑为主，并且其产量排名世界第一。挪威的水产养殖业是挪威渔业的支柱，养殖的三文鱼是挪威主要的出口商品，约占 50%的国际市场份额。在长期生产实践中，挪威积累了丰富的经验，形成了从种苗繁育、成鱼养殖到饲料生产和设备制造的完整产业链。智利作为水产养殖大国，是世界上仅次于挪威的第二大鲑鳟鱼类养殖生产国，其主要的养殖品种为大西洋鲑，其次为银鲑鱼和虹鳟鱼。

在中国淡水养殖业 2000 多年的发展历史中，人们多关注于温水性鱼类的增养殖，冷水资源及喜栖冷水的鲑科鱼类资源的开发利用，直到 20 世纪 50 年代才以虹鳟养殖业的问世开始载入中国淡水增养殖业的史册。我国开展鲑鳟鱼养殖技术研究已经有 60 多年历史，养殖种类以引进种虹鳟、金鳟、银鲑、红点鲑为主，土著种类有哲罗鲑、细鳞鲑等小规模养殖品种，养殖地区遍布全国 20 余个省市。养殖模式有流水池塘养殖、水库网箱养殖、大水面放牧式养殖和循环水养殖等，其中，以流水池塘养殖和网箱养殖方式为主。

根据资料显示，2019 年我国鲑鳟鱼养殖产量 4 万余吨，其中青海省作为鲑鳟鱼养殖大省，2019 年的三文鱼产量、产值分别达到 1.52×10^4 吨和 8.36 亿元，分别比上年增长了 3.37%和 12.97%。以三文鱼、虹鳟鱼、金鳟鱼为代表的高品质、无污染的青海产冷水鱼畅销省外，鲑鳟鱼良种率达到了 95%，在同行业中处于领先地位，鲑鳟鱼网箱养殖产量已达全国总产量的 30%以上。四川省作为冷水鱼养殖大省，根据四川省水产局提供的数据显示，2018 年全省鲑鳟鱼产量 2502 吨，其中鲑鱼 607 吨，鳟鱼 1895 吨；2019 年，全省鲑鳟鱼产量 2096 吨，其中鲑鱼 580 吨，鳟鱼 1516 吨。

中国鲑鳟鱼养殖正向规模化、多元化方向发展，并逐渐在某些地区形成主导产业，带动了相关配套产业的发展，为当地增收发挥了重大作用，但仍存在技术资源投资不足、种质退化、良种覆盖率低、病害严重、养殖技术粗放等问题，制约了产业的发展和产品国际化进程。目前，中国养殖鲑鳟鱼产量远远不能满足市场的需求，大部分仍需靠国外进口，随着人们对高端水产品需求的日益增加，解决我国鲑鳟鱼依赖进口问题，对满足国内市场需求具有重要意义。

六、鲑鳟鱼的价值及发展前景

鲑鳟鱼的发展具有良好的研究价值、经济价值和文化价值。鲑鳟鱼养殖促进了土著鲑科鱼类的驯化和养殖研究工作的发展，对于推进水产养殖业的工业化进程具有重要科研意义；鲑鳟鱼相对于其他淡水鱼类生长较快、个体较大，具有较高的营养价值和食疗作用，作为中高档水产品，具有巨大的市场潜力和经济效益；围绕鲑鳟鱼开展的餐饮、游钓等形成了新的产业，极大地带动了地方旅游文化的发展。

鲑鳟鱼养殖具有占地少、产量高，鱼类生长速度快，饲料报酬高，经济效益高等优势，使得鲑鳟鱼的养殖投资回报率远高于种植业和其他养殖业。鲑鳟鱼具有很高的食用和保健价值，深受消费者青睐，具有良好的市场需求。我国幅员辽阔，河流纵横，湖泊水库星罗棋布，冷水资源丰富，这为鲑鳟鱼的养殖发展奠定了良好的基础。全球鲑鳟鱼市场需求巨大，随着经济的快速发展和人民生活水平的不断提高，预计全球对鲑鳟鱼的需求量会逐年增加。但我国鲑鳟鱼产量现仅占全球产量的6%左右，供需缺口很大，每年尚需进口大量大西洋鲑以满足市场需求。从1998年到2018年间，中国的冰鲜三文鱼进口量从2×10^3吨提升至8×10^4吨，年复合增长率达到惊人的20%，虽然从总量上来说，我国2018年的8×10^4吨年进口量，距离欧盟的100×10^4吨和美国的45×10^4吨差距明显，就连巴西的10×10^4吨也还有2×10^4吨的差距，但如果从发展潜力来看，中国市场在今后几年，无疑会是全球众多的三文鱼养殖企业的主战场。从整体来看，发展鲑鳟鱼具有非常好的国际、国内市场前景，但仍需在育种技术、养殖技术、病害防治、产品加工及技术标准等方面缩小与世界鲑鳟鱼养殖业之间的差距。

第二章　大麻哈鱼和乌苏里白鲑的保护研究

一、大麻哈鱼

自然界中有这样一种神奇的鱼，它在淡水河流中出生，在海洋中生长，长大后再返回出生河流，这就是大麻哈鱼。大麻哈鱼是一种典型的溯河洄游性鱼类，它的洄游历程演绎了悲壮而凄美的一生。

图 2-1　大麻哈鱼

1. 淡水里繁育、海洋里成长

大麻哈鱼在江河里出生，刚孵化出的幼鱼腹部带有卵黄囊，为幼鱼早期阶段的生长提供所需营养。幼鱼喜欢潜伏在石砾间黑暗的地方，待翌年春季长至 25~50mm（体叉长），便开始降河入海。大麻哈鱼幼鱼主要摄食昆虫成虫和幼虫、桡足类和圆虫类，摇蚊幼虫为优势对象。大麻哈幼鱼到达河口时要逗留一段时间，身体会发生适应海水生活的生理变化。随后向外海迁移，此后 2~5 年在海洋中生长发育，成熟以后溯河而上，回到出生河流繁殖。在洄游过程中，由于海、淡水之间盐度的显著差异，大麻哈鱼进入淡水河流后不再进食，只能靠积蓄在体内的能量逆流游向出生的河流。

与此同时，它们要防御棕熊、猎鹰等大动物的捕食；还必须与湍急的河水、巨大的漩涡做斗争，甚至要躲避暗礁险滩，跳过瀑布，可谓是历经“九九八十一难”，直至到达它们的出生地——产卵场。大麻哈鱼对产卵场的环境条件要求较为严格，一般选择水质清澈，环境僻静，水温 5~7℃，水体 pH 为 7.2~7.4，水深 1~3m，底质为沙砾且具有涌泉，冬季不结冰或结薄冰的河湾。到达产卵场后，大麻哈鱼开始寻找配偶，准备“婚事”，筹建“洞房”。雄鱼用尾鳍不停的拍打沙砾,筑造安全的产卵窝子,产卵窝子一般为直径 1m 左右、深 20~30cm 的圆坑，雌鱼在窝子内排出卵子，雄鱼随后将精液撒在上面，这是大麻哈鱼一生中最辉煌的时刻。随后雌鱼用尾鳍拨动沙砾，将受精卵掩埋。

受精卵产出后，亲鱼一直守护在身旁，但由于体力消耗殆尽，它们用生命中最后的力量守护着后代，完成了毕生繁衍后代的使命。此时，受精卵正悄悄地孵化出小鱼苗，经过近 4 个月的时间，也就到了翌年的春天，孵出的大麻哈鱼幼鱼靠“父母”的滋养而逐渐成长，直至开江后开始游向大海，周而复始，维持大麻哈鱼种群的延续。

大麻哈鱼究竟是如何设法横渡海洋找到回乡之路，在很大程度上还是个谜。目前科学家有两种说法：一种说法是大麻哈鱼脑中像罗盘一样有很小的铁粒子，能够感知地球磁场和日月星辰的位置，帮助大麻哈鱼沿着地球的磁力线找到返乡之路；另一种说法是大麻哈鱼依靠灵敏的味觉与嗅觉,凭借着对“家乡”气味的记忆找到回家的路。

就这样一年又一年，这种悲壮的场面一直延续了千万年。所以说大麻哈鱼是自然界中最神奇的鱼类之一，它的一生是执着的、无畏的、凄美的、壮烈的。大麻哈鱼的洄游历程生动地展现了游子对故乡的依恋，父母对孩子的付出，生命与死亡的交替。

2. 具有重要的经济价值和营养价值

大麻哈鱼（英文名为 Chum salmon）属鲑科、大麻哈鱼属，是六种太平洋大麻哈鱼类中的一种。其广泛分布于北太平洋及其沿岸附属河流。我国境内大麻哈鱼主要分为四个地理种群，分别为黑龙江、乌苏里江、绥芬河和图们江群体，其中乌苏里江群体最多，其次为黑龙江、图们江群体，绥芬河群体数量最少（每年仅有 1000 余尾）。大麻哈鱼是名贵的经济鱼类，作为重要的海洋放牧渔业种类的代表，在渔业经济中占有重要的地位。

大麻哈鱼作为优质的食品，具有较高的营养价值。其肉红色，味道鲜美，除鲜食外，可盐渍、熏制。特别是鱼卵更为名贵，营养价值很高。相关研究分析指出，大麻哈鱼肌肉中蛋白质含量较高，氨基酸组成合理。肌肉中含有 18 种常见氨基酸，其中包括 8 种人体必需氨基酸，占总氨基酸比值为 39.83%，且鲜味氨基酸含量较高。大麻哈鱼肌肉中的脂肪品质高，富含多种不饱和脂肪酸，其中 EPA（eicosapentaenoic acid）和 DHA（docosahexaenoic acid）含量较为丰富。大麻哈鱼肌肉中矿质元素含量也非常丰富，其中 K 含量最高，有利于调节细胞内的渗透压和体液酸碱平衡，参与体内蛋白质和糖的代谢。微量元素中 Fe、Zn 含量较为丰富，有利于提升人体新陈代谢水平。

3. 现资源量不及 20 世纪 80 年代的 10%

洄游至我国境内的大麻哈鱼每年 9 月上旬前后开始出现，群体数量逐渐增多，至 9 月下旬群体数量达到高峰，10 月中上旬数量逐渐减少，直到江河封冻前洄游结束。大麻哈鱼溯河洄游期间数量结构呈现波动趋势，但洄游期内性别比例及体叉长、年龄等生物学参数差异并不显著。大麻哈鱼幼鱼的降河迁移期为每年的 4 月上旬至 6 月上旬，主要集中在 4 月上旬至 5 月中旬。据调查，我国境内大麻哈鱼回归群体的年龄范围为 2~6 龄，其中以 3、4 龄个体为主。其中雄性年龄范围为 2~6 龄，以 3 龄个体为主，雌性年龄范围为 3~6 龄，以 4 龄个体为最多；大麻哈鱼叉长范围为 46~75cm，平均 60.1cm。雌性个体规格稍大于雄性个体；体重范围为 1100~5500g，平均 2765.4g。大麻哈鱼雌、雄个体间叉长生长速度无显著性差异，但是不同性成熟年龄个体间的生长速度差异显著。大麻哈鱼怀卵量一般为 2800~5300 粒。

据调查，近年来大麻哈鱼回归群体存在低龄化、个体小型化的趋势。这种变化受气候变化、过度捕捞等多种因素的影响。此外，由于水利工程建设、栖息地环境破坏等人类活动因素的影响，大麻哈鱼资源量在逐渐衰退，目前资源量不及 20 世纪 80 年代的 10%。大麻哈鱼栖息地遭到破坏，产卵场范围大大缩减，很多河流已多年不见大麻哈鱼的踪影。面对严峻的资源衰退状况，大麻哈鱼保护和种群恢复工作亟须实施。

图 2-2　产卵场内的大麻哈鱼

图 2-3　降海迁移期的大麻哈鱼幼鱼

4. 大麻哈鱼保护措施正逐渐开展

针对我国大麻哈鱼资源衰退的状况，渔业管理部门积极制定相应的管理措施以恢复其资源，渔业科技人员也围绕大麻哈鱼资源保护与恢复开展了相关的科学研究，为管理部门的决策提供了科技支撑。目前，我国大麻哈鱼相关的保护工作总结如下。

（1）设立禁渔制度：通过禁渔期、禁渔区制度的实施，减少对大麻哈鱼回归群体的捕捞，让更多的大麻哈鱼亲鱼返回产卵场参与繁殖，提高大麻哈鱼幼鱼的资源补充量。目前，黑龙江、乌苏里江秋季禁渔期为每年 10 月的 1~20 日，主要保护大麻哈鱼的回归群体。为了更好地保护大麻哈鱼资源，一些黑龙江、乌苏里江沿江县市制定相关政策适当延长了禁渔期。例如，近年来抚远市政府在其境内的黑龙江、乌苏里江水域延长了秋季禁渔期以更好地保护大麻哈鱼等鱼类资源。建立大麻哈鱼保护区，设立常年禁捕区，有效保护大麻哈鱼产卵场、洄游通道等栖息环境，控制对大麻哈鱼的捕捞。例如，珲春河、红旗河大麻哈鱼国家级水产种质资源保护区、逊别拉河自然保护区等保护区的在建立一定程度上使得大麻哈鱼的栖息生境免遭破坏，保护了大麻哈鱼资源。

（2）开展增殖放流：增殖放流是恢复大麻哈鱼资源的一项重要措施，在国际上普遍采用，美国、日本、俄罗斯等国家也都在积极开展。目前，我国建有三处大麻哈鱼增殖放流站，分别位于抚远市、东宁市和珲春市，自 20 世纪 80 年代以来，放流站每年都在各自水域放流一定数量的大麻哈鱼幼鱼。此外，近年来黑龙江水产研究所大麻哈鱼课题组在汤旺河、呼玛河等黑龙江流域的上游水域已放流一定数量的大麻哈鱼，均取得了良好的效果。相关研究表明，增殖放流工作在一定程度上维持了大麻哈鱼种群的相对稳定。

图 2-4　汤旺河大麻哈鱼放流现场

图 2-5　同江市黑龙江大麻哈鱼放流现场

为了掌握大麻哈鱼增殖放流的实际效果、完善增殖放流工作方案，大麻哈鱼增殖放流效果评估工作在逐渐展开。相关科研人员开展了大麻哈鱼物理标记（剪脂鳍）、耳石荧光标记、耳石锶标记、耳石温度标记等试验，对比分析了大麻哈鱼的标记方法。各标记方法具有各自的优缺点，其中物理标记方法是在大麻哈鱼放流前期减去脂鳍，以此作为回归群体人工增殖群体和野生群体辨别的依据。该方法对回归群体的检测较为简单，但是标记工作量大，对于大规模的群体放流标记难度大，难以全部进行标记。耳石荧光、温度、锶标记方法对放流苗种的标记较为简单，容易实现群体规模化标记，但是对回归群体的检测较为复杂，需要解剖取出耳石样本再进行检测分析。在大麻哈鱼增殖放流工作中，一般根据放流数量的多少，选择采用物理标记、耳石锶标记或耳石温度标记方法。大麻哈鱼具有溯河洄游的特征，且个体性成熟的时间存在差异，同一年度放流的幼鱼需要经过 2~6 年才能完全上溯回归，即需要 6 年时间才能够完全统计出该批次放流苗种的回捕率。因此，大麻哈鱼增殖放流回捕率的统计需要多年持续跟踪监测。据调查，近年来绥芬河大麻哈鱼人工增殖放流的回捕率约为 0.3%。此外，为了完善大麻哈鱼增殖放流时间、地点，提高增殖放流群体的适应性，提高放流效果，科技人员对大麻哈鱼幼鱼降海迁移情况进行了监测，掌握了降河迁移的主要时间及环境特征，为增殖放流方案的完善提供了依据。

（3）栖息地保护及修复：适宜的栖息地是物种赖以生存的必要条件，大麻哈鱼洄游通道的畅通和产卵场环境的适宜性是其完成生活史过程的关键。因此，栖息地保护工作也引起了人们的重视，主管部门设立大麻哈鱼保护区对其栖息生境加以保护，水利工程的建设必须考虑过鱼设施以保证大麻哈鱼洄游通道的畅通。目前，我国境内不少大麻哈鱼产卵场已遭到不同程度的破坏，产卵场的基本功能逐渐丧失。因此，栖息地修复工作将是今后大麻哈鱼资源保护工作的重点和热点。

针对上述状况，已有科研人员尝试开展大麻哈鱼栖息地的修复工作。在汤旺河、呼玛河示范水域通过底质改造、河道疏通等措施，放流大麻哈鱼幼鱼能够顺利溯河回归，放流大麻哈鱼亲鱼能够在示范区内繁殖，受精卵成功孵化，幼鱼能够顺利降海迁移。该项工作为今后大麻哈鱼产卵场修复工作奠定了研究基础。但是大麻哈鱼栖息地修复及种群重建工作是个系统性工程，难度大，目前只是取得一定的阶段性成果，建立稳定的种群仍是今后的工作目标。

图 2-6　产卵场内的大麻哈鱼受精卵

（4）开展全人工繁育、保种工作：全人工繁殖是保护、保存珍稀、濒危野生鱼类种质资源的有效措施。目前大麻哈鱼的人工繁殖技术早已成熟，在增殖放流工作中已普遍采用。已有研究人员对大麻哈鱼人工养殖中盐化及其对生理生化指标影响和性腺发育水平等方面开展了相关研究。在大麻哈鱼人工养殖试验中，经过 2~3 年的人工饲养，大麻哈鱼的平均规格已达到 2kg。但是尚未实现全人工繁殖，这也是制约大麻哈鱼人工保种的关键技术。

5. 大麻哈鱼保护工作任重道远

针对大麻哈鱼的资源衰退现状，为了更好地保护和恢复大麻哈鱼资源，结合目前开展的相关保护工作，提出以下几点工作建议。

（1）完善禁渔期、禁渔区制度：鉴于我国大麻哈鱼的资源衰退状况，应该坚持保护优先的原则，根据大麻哈鱼溯河群体的洄游特征，应适当延长禁渔期、扩大禁渔区范围，让更多的大麻哈亲鱼上溯到上游产卵场参与繁殖。在大麻哈鱼幼鱼降海迁移期间，制定相应的渔业管理制度，限制捕捞作业时间和网具，保证大麻哈鱼幼鱼能够顺利入海，避免大麻哈鱼幼鱼资源遭到破坏。从亲鱼和幼鱼两方面强化大麻哈鱼的制度性保护。

（2）加大增殖放流力度、完善增殖放流方案：据研究，大麻哈鱼增殖放流效果较为显著，从数量上来看，投入产出比达到 1：2.87，可见增殖放流对大麻哈鱼种群的维持和恢复起到了重要作用。因此，今后应尽量扩大增殖放流规模。此外，要完善增殖放流工作方案，提高增殖放流的实际效果。根据大麻哈鱼幼鱼野生群体降海迁移的时空分布及环境因子特征，完善增殖放流工作。增加放流地点数量，选择具备产卵场功能的河流上游水域作为放流地点。既能提高放流幼鱼的环境适应性和环境承载力，又可以使回归群体顺利进入产卵场参与繁殖，提高幼鱼孵化成功率，扩大补充群体规模。同时，要持续开展增殖放流效果评估工作，完善增殖放流过程监控，引入公益组织等社会力量开展大麻哈鱼增殖放流。

（3）加大渔政执法力度，严厉打击违法捕捞：严格执法是保证管理制度取得实效的前提。在渔政执法中要坚决取缔对渔业资源和环境破坏性大的作业网具，在大麻哈鱼洄游期和重要栖息地有针对性地开展专项治理行动，严厉打击涉渔“三无”船舶、“绝户网”、电毒炸鱼，禁渔期、禁渔区捕捞等各类违法行为。保障大麻哈鱼保护工作取得实效。

（4）探索推进减船转产，降低捕捞强度：落实不断压减捕捞总量政策要求，逐年压减捕捞渔船数量。不断降低捕捞强度，涵养资源，促进大麻哈鱼等鱼类资源的恢复。鼓励各地制定相关转产转业优先安置和扶持政策，引导捕捞渔民减船转产、退捕上岸，营造良好的退捕秩序。

（5）加强科学研究，为保护工作提供技术支撑：持续开展大麻哈鱼资源及种群动态监测，掌握大麻哈鱼资源现状及变动趋势。开展大麻哈鱼栖息地修复与种群重建技术研究。建立大麻哈鱼产卵场、洄游通道等关键栖息地信息档案。通过研究水域修复技术的示范引领，逐步推广至其他待修复水体，为大麻哈鱼资源保护和恢复提供有力科技支撑。

（6）加大宣传力度，营造良好资源养护氛围：建立常态宣传、培训机制，通过通信手段及时向渔民推送禁渔制度和相关法律法规，提高渔民群众守法作业的自觉性。通过各类新闻媒体加大宣传力度，引导全社会增强保护大麻哈鱼等鱼类资源的意识，营造珍稀野生鱼类、保护生态环境的良好氛围，吸收更大的社会力量参与鱼类保护工作。

虽然大麻哈鱼保护工作在逐步推进，但保护工作的道路还很漫长。工作中会遇到各种困难与挑战，需要全社会力量的广泛参与，让我们携手共同努力让这条神奇的大麻哈鱼继续演绎它精彩的传奇故事。

二、乌苏里白鲑

黑龙江的春天应该是全国各地最晚到来的，每年 4 月中下旬，被冰封、雪藏的黑龙江开始解冻，江面上漂浮着密集的冰排，此时的整个流域也开始迎来期盼已久的明水期。每年开江前，在大江深处“猫冬”的乌苏里白鲑开始陆续离开自己的“家”，成群结队地向黑龙江下游集结、迁徙，它们随着水温的升高顺流而下，游向水温更低和食物丰沛的河口或近海肥育、度假，也就抵达了我们的邻国——俄罗斯。每次过境，无障碍通关，来去自由，堪比“国际公民”。暑假结束，远东的天气转凉，也是乌苏里白鲑陆续返乡的时节。它们集结之后一路上溯，迁徙到母亲河黑龙江，有的还会造访乌苏里江、松花江，甚至抵达兴凯湖。回到出生地等待一年一度的冰雪冬季的到来，当水温达到 4℃左右，所有成年的乌苏里白鲑便开始交配，选择最适宜的环境繁衍自己的后代。待到第二年开春，乌苏里白鲑无论老小成群集结，开启传统的远东旅行；中秋返乡，交配繁殖，如此往复，生生不息。

1. 黑龙江水域唯一的白鲑属鱼类

乌苏里白鲑是典型的冷水性鱼类，也是黑龙江水域唯一的白鲑属鱼类，主要栖息在北纬 45° 以北的寒冷水域，多分布于黑龙江水系及俄罗斯西伯利亚、萨哈林等水域。乌苏里白鲑属洄游性鱼类，具有典-型的越冬、生殖、索饵洄游特征。依据相关调研和报道，该鱼在春末至中秋时期主要分布于黑龙江下游至河口或近海区域（俄罗斯），秋末至第二年初春在我国的大江越冬，对水温和水质要求较高。

乌苏里白鲑无肌间小刺，肉质细嫩，味道鲜美，具有很高的营养和经济价值，是我国黑龙江水系特产珍稀名贵冷水鱼类。近些年来，由于过度捕捞和生存环境恶化，乌苏里白鲑的资源量呈显著下降趋势，导致捕捞量锐减。20 世纪 90 年代的 50 吨捕捞量也已成为历史记录，乌苏里白鲑现今已被列入《中国濒危动物红皮书鱼类》名录。

2. 脸型神似兔子

乌苏里白鲑（*Coregonus ussurinsis* Berg），属鲑形目（Solmoniformes）、鲑科（Solmonidae）、白鲑亚科（Coregoninae）、白鲑属（*Coregonus*），俗称兔子鱼（图 2-7），属亚冷水性鱼类，主要分布于我国黑龙江流域及俄罗斯西伯利亚、萨哈林等水域。乌苏里白鲑与大麻哈鱼一样，具有典型洄游特征，是我国唯一的白鲑属鱼类。渔民通常称其为“兔子鱼”或“江兔子”，是由于乌苏里白鲑的吻部和眼睛与兔子神似而得名。乌苏里白鲑通常呈银白色，没有杂色，再配上优美体型，看起来清新脱俗。

图 2-7 乌苏里白鲑

乌苏里白鲑属中型肉食性鱼类，野生成年个体通常为 0.5~2.0kg，最大个体可达 3kg，体长能够达到 60cm，最长寿命可达 10 年。用该鱼卵生产的鱼子酱仅次于鲟鱼和大麻哈鱼，久负盛名，其颗粒圆润饱满，微微泛着清亮金黄的光泽，味道极其鲜美，并具有美容养颜的功效。

3. 乌苏里白鲑的生态习性

乌苏里白鲑为东北地区特有冷水性鱼类，喜欢栖息于水质比较清澈、砾石底质、水流速度大、水温低的河道或支流。其摄食强度和食饵种类随季节的变化而不同，主要捕食小型鱼类、虾、甲壳类及一些水生昆虫。春季江河解冻、鱼群游向水位较浅的水域进行索饵，摄食强度不高；夏季由于栖息水域温度升高，摄食旺盛；秋季随着水温的降低，摄食强度有所减弱，但是胃含物中以虾为主。此外，乌苏里白鲑喜欢结成小群，游速较快，具有明显的季节性适温洄游现象。

4. 繁殖期仅 20 天左右

乌苏里白鲑是黑龙江的土著鲑鳟鱼类，但它与当地著名的“三花五罗”中的哲罗鲑的繁殖期相差甚远。尽管这两种鱼同属鲑科，但乌苏里白鲑属典型洄游型鱼类，其繁殖期与大麻哈鱼相近，都是在秋季。

乌苏里白鲑的繁殖期十分短暂，与气温和水温变化存在密切关系，通常为每年 10 月下旬至 11 月初这 20 天左右。处于繁殖期的亲鱼会在产卵场进行短暂停留，此时也是捕捞乌苏里白鲑的最佳时机，捕捞地点多为浅滩、微流和沙砾底质的环境，但目前尚无关于其产卵场的确切报道。

亲鱼繁殖后没有护巢行为，会立即摄食，主要捕食江中的小鱼和小虾。自然条件下，乌苏里白鲑 4~5 龄性成熟，一生多次产卵，卵微黏性，卵径可达 2cm（图 2-8）。鱼卵孵化期较长，4~5℃水温条件从受精卵至仔鱼孵出需要 70~80 天（图 2-9）。

图2-8　受精卵

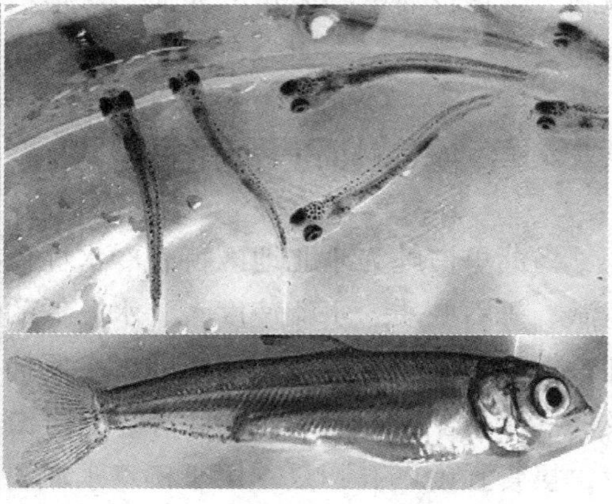

图2-9　仔鱼（上）和幼鱼（下）

受精卵尽管是经历了漫长的冰封期才发育成鱼苗，而且是在没有“父母”护佑的情况下独自成长，但好在她比其他凶猛性鱼类出生得早，有充足的时间尽快发育，而且基因里带有耐寒特性，可以在低温条件下觅食、生长。待冰雪融化，乌苏里白鲑鱼苗已经长大，而其他鱼类还未开始繁殖，鱼苗沿着江河顺流而下，逐渐抵达下游食物丰沛的肥育场，之后便每年往返于中俄之间，生长发育，并完成自己繁衍后代的使命，所有的鱼如此往复，生生不息。

5. 神秘的洄游经历

在早先的认知里，乌苏里白鲑作为我国土著鲑鳟鱼一直被忽视，没有对其加以深入研究，导致有学者将其误认为是陆封种类。而关于该鱼的生活史更是知之甚少，仅在苏联学者编著的《黑龙江流域鱼类》中有对乌苏里白鲑分布及迁徙的描述，记载了该鱼夏季在黑龙江下游及河口附近，可以进入咸水水域；冬季在黑龙江河道及大支流中“猫冬”，但没有对洄游经历做出详细描述。根据最新的研究，初步确定了乌苏里白鲑的溯河洄游经历，该鱼存在淡水-咸水洄游的特征和年度（季节）洄游特征，部分群体还有规律地在淡水—咸水中季节洄游，不同个体在淡水、咸水之间停留时间也存在较大差异。因此，我们可以给苏联学者观察到的乌苏里白鲑洄游经历一个科学的推断。

3~4 龄后的乌苏里白鲑只在秋季返回故乡“猫冬”，这期间（每年秋末至翌年初春）尽管外面是冰冻世界，但在冰雪覆盖之下的江河、湖泊仍有旺盛的生命活动，乌苏里白鲑一刻也没有停止摄食，它们大量捕食小鱼小虾，和当地人们一起迎接新年。

当春季来临、冰雪融化，乌苏里白鲑结束了一个冬季的返乡休假，整个族群开始顺流而下，开启传统的迁徙之旅，跨过中俄边界抵达河口甚至是近海，找到肥育场养精蓄锐，等待秋季的到来。

为什么每年秋天都要返乡回中国“猫冬”呢？因为乌苏里白鲑和大麻哈鱼一样，由于使命的召唤要回到出生地繁衍后代，这应该是物种的繁衍特性，只不过乌苏里白鲑不会交配后死亡，而是从儿时到暮年一直周而复始的往返。

6. 乌苏里白鲑的种质资源现状与保护策略

乌苏里白鲑作为底层经济鱼类，其肉质细嫩、味道鲜美、营养价值高，含脂量可达到6.7%~16.0%，深受消费者的喜爱。在黑龙江水域生态系统中，其处于食物链较高营养层次，主要以底层小型杂鱼、虾、昆虫等为食，从能量转化的角度来讲，将水体中经济价值较低的小型鱼类资源直接转化为经济价值高的渔业产品，大大减少了水域生态系统中天然饵料资源的损失和浪费，同时还可以减轻渔业对水环境的压力。资料显示，黑龙江历史上乌苏里白鲑的年产量可达 40~50 吨，经济价值极高，曾是黑龙江流域重要的渔业资源。近几十年来，由于过度捕捞和生存环境恶化，乌苏里白鲑的资源量呈明显的下降趋势，在部分水域，如嫩江、牡丹江、兴凯湖等水域，其捕捞量极少。尤其在 20 世纪 90 年代由于松花江环境污染、生态环境破坏等原因，乌苏里白鲑在松花江曾连续多年未见捕获记录。近几年，随着松花江环境条件改善，乌苏里白鲑重返松花江水域。但是由于大顶子山水利枢纽建设，导致乌苏里白鲑在松花江的分布格局产生变化，目前在坝上松花江段及支流的栖息地已基本丧失。乌苏里白鲑在我国分布范围十分有限，鱼类资源表现出严重的衰退现象，一旦资源破坏，种群很难恢复。

乌苏里白鲑是黑龙江流域重要的经济鱼类，目前由于过度捕捞及生境环境恶化等因素导致其数量严重下降。因此，开展乌苏里白鲑资源保护及种群恢复的研究已刻不容缓。有研究表明，乌苏里白鲑雌性最小性成熟年龄为 5 龄，个体性成熟年龄显著提前，性成熟规格变小，少量 4 龄雌鱼已参与繁殖。乌苏里白鲑捕捞群体主要集中在 5、6 龄，而这两个年龄组对种群繁殖力的贡献率很高，进而使得其种群繁殖能力大为减弱，导致数量得不到足够的补充。针对乌苏里白鲑在黑龙江的资源现状，需要制定相关保护措施，以保证这一珍稀名贵物种的可持续开发利用。首先，取缔非法作业方式，以免鱼群被一网打尽，应加强对种群繁殖力贡献率高的 5、6 龄组群体的保护，缩减其捕捞量，捕捞群体规格应限制在 7 龄及以上、叉长大于 44cm 的群体；其次，在乌苏里白鲑繁殖盛期（10 月中旬至 11 月下旬）实行禁捕，设立自然保护江段，以保证足够数量的亲鱼获得进入产卵场进行产卵的机会；最后，积极开展驯化繁育、人工养殖及增殖放流。

繁殖生物学和全人工养殖技术研究是鱼类种质资源保护及合理开发利用的基础。希望今后相关科研单位注重保护乌苏里白鲑种质，尽快实现该鱼的苗种规模化繁育，填补研究空白；设立基础性和长期性科研项目，保存好活体种质，必备条件下可建设乌苏里白鲑原种场，通过项目执行全面掌握该鱼的种质资源现状，并做好遗传多样性解析；建立多个保种群体，并扩大乌苏里白鲑核心繁育群体，从而开展大规模全人工繁殖，构建乌苏里白鲑苗种规模化繁育技术，并维持多样性的种群结构，开展保种技术、性腺发育及繁殖生理学等方面的相关研究，旨在为乌苏里白鲑的种质保护、开发与利用奠定坚实基础。

7. 乌苏里白鲑的全人工繁殖

黑龙江水产研究所鲑鳟鱼遗传育种创新团队于 2014 年成功收集到乌苏里白鲑野生亲本，先后完成了人工催熟、催产工作，为今后我国土著鲑鱼养殖新品种开发、渔业资源恢复奠定了坚实基础。

2019 年，根据中国水产科学研究院黑龙江水产研究所官网报道，该所鲑鳟鱼育种创新团队经过多年技术攻关，2018 年首次实现了乌苏里白鲑的人工繁殖。该研究团队通过调控水温、水流和光照等条件因子，在模拟自然繁殖生态条件下掌握了乌苏里白鲑性腺自然成熟的关键技术，获得受精卵约 60 万粒。之后，该团队突破了乌苏里白鲑的全人工繁殖、苗种规模化培育和成鱼养殖等一系列关键技术。

目前，该团队已将乌苏里白鲑群体选育开展至 F2 代。在保种的基础上开展群体选育和人工扩繁工作，为新品种开发和增殖放流奠定了坚实基础。预计在“十四五”期间，乌苏里白鲑养殖可实现市场化和规模化，有望在全国各鲑鳟鱼主产区开展推广。

8. 乌苏里白鲑的科学研究

国内对于乌苏里白鲑的研究时间较晚，为 20 世纪八九十年代。董崇智等对黑龙江乌苏里白鲑生殖群体生态学特征、捕捞群体结构特征及其资源保护等方面做了较为详细的研究，对于了解该物种渔业资源现状及其开发利用和保护具有重要的意义，这也是国内首次对乌苏里白鲑生物学特征及资源状况进行系统详细的描述。张俊丽等对乌苏里白鲑线粒体细胞色素 b 和 16srRNA 基因片段进行序列分析，并与其他白鲑属鱼类进行比较研究，有利于阐明该属鱼类分类学及多样性研究。马波等对乌苏里白鲑生化遗传结构进行了深入的研究，丰富了该物种生化遗传学资料，并为该鱼种质资源保护和开发及遗传育种等研究提供遗传理论依据。梁利群等对乌苏里白鲑遗传多样性进行了分析，探讨了对该鱼进行保护性开发的必要性。史秀兰等对乌苏里白鲑胚胎发育及仔稚鱼的形态变化与生长特征进行了研究，初步探究了乌苏里白鲑胚胎发育的特征与规律，为乌苏里白鲑种群资源恢复及人工苗种繁育工作提供了科学依据。此外，有关乌苏里白鲑的食性、年龄与生长等方面亦有少量研究，但这些资料均缺乏系统、详尽的描述。

9. 乌苏里白鲑养殖的发展前景

乌苏里白鲑最适养殖温度在 18~22℃，适合在鲑鳟鱼和鲟鱼流水池塘养殖，饵料系数低，适用鲑鱼饲料，目前未见感染危害鳟鱼的高致病性 IPN 和 IHN 病毒病，是丰富鲑鳟鱼养殖结构的最佳品种。

在养殖条件下，乌苏里白鲑的性腺成熟较鳟鱼晚（绝大部分 4 龄成熟），充分保证了养殖周期内更好的商品性能；耐低氧，适合高密度养殖和远距离运输，在销售端可长时间暂养，30℃水温可养殖 1 周；肉质好，鲜活个体宰杀后肉质非常细嫩，冷冻后肉质依然细嫩，不输于鲈鱼肉质鲜嫩度。

乌苏里白鲑的未游离成熟卵子适合做黄金鱼子酱，该鱼的鱼卵大小与鲟鱼子相当，且通体金黄色，有“黄金鱼子酱”之美誉，口感仅次于鲟鱼子酱，是未来有待于开发的新品类。

第三章　鲑鳟鱼的生物学特性及人工养殖

一、虹鳟的生物学特性及人工养殖

虹鳟（*Oncorhynchus mykiss*），鲑科，太平洋鲑属，具有适应能力强、繁殖力强、生长速度快、营养丰富、无肌间刺、仔鱼易于驯化摄食人工饲料等优点，是世界上养殖范围最广泛的鱼类之一。2020年FAO报道显示，世界范围内的虹鳟养殖年产量已超过80万吨。许多国家都开展了虹鳟鱼的养殖，主要的生产区域和国家为欧洲的挪威、法国、意大利、西班牙、丹麦、英国，北美洲的美国、加拿大，南美洲的智利，亚洲的日本、伊朗以及大洋洲的澳大利亚。其中，智利是目前最大的虹鳟生产国。近年来，我国鲑鳟鱼类养殖产业发展迅速，据2020年度中国渔业统计年鉴显示，年产量已达41382吨，其中主要的养殖产量贡献来自于虹鳟。虹鳟在我国的养殖范围较为广泛，不仅东北、西北和华北等北方地区可以养殖，西南、华中等地区也可利用水库底排水和山间溪流进行养殖。

1. 虹鳟的生物学特性

虹鳟原产于北美洲太平洋流域，分布范围从阿拉斯加到墨西哥。自1874年起，该种类已被引进到除南极洲以外的所有大洲的水域，是休闲渔业和水产养殖的主要种类之一。由于颗粒饲料的开发，20世纪50年代其产量大大增加。目前，世界范围内虹鳟的年产量稳定在80万吨左右。一些地区对土著品种进行驯化并开发了几种品系，如美国的沙士达山和加拿大的坎卢普斯，其他品系多是通过群体选育和杂交育种的方式来提高生产性能。

虹鳟体型为纺锤形，不同地理种群或品系的体色有差异，但鱼体两侧都有红色带状斑纹，鱼腹部为白色，背部和两侧有黑点覆盖，背部具脂鳍。在繁殖季节，雄性亲鱼的头部、吻部和体色会发生一定程度的变化。虹鳟是典型的冷水性鱼类，适宜温度一般不超过21℃，水温对虹鳟的生长、繁殖等生命活动具有极为重要的影响。虹鳟可以生活在许多不同的环境中，主要有两种生态类型，一种严格在淡水中生活，另一种在海水中长大、洄游至淡水中产卵，也称硬头鳟。一般而言，硬头鳟的个体大于淡水定居型虹鳟，生长速度也更快，3 年内体重可达 7~10 kg，而淡水定居型虹鳟体重一般为0.5~2.3 kg，在相同的时间范围内仅能达到 4.5 kg。有记载的虹鳟的最长寿命为 11 年。

自然状态下，虹鳟在沙砾底做窝产卵。繁殖季节在南北半球存在差异，通常北半球虹鳟的繁殖时间在 1~6 月，而南半球虹鳟的繁殖时间在 9~11 月，繁殖水温至少要达到 6~7℃。温度和食物显著影响虹鳟的生长和性成熟，通常情况下虹鳟需要 3~4 年才能达到性成熟。雌鱼每千克体重最多能产 2000 粒卵。卵的直径相对较大，一般为 3~7mm。一般而言，虹鳟每年只产卵 1 次。虹鳟在养殖系统中不能自然产卵，因此鱼苗必须通过在孵化场人工繁殖或从野生种群采集鱼卵的方式进行繁殖而获得。目前，可以通过杂交选育和调控光周期促进虹鳟性腺发育成熟，以达到周年产卵的目的。此外，通过杂交选育等技术手段已选育出具有特定优良性状的品系，如快速生长、抗病以及肉质和风味的提升。虹鳟是肉食性鱼类，在自然状态下，成年虹鳟主要摄食水生和陆生的昆虫、软体动物、甲壳类、鱼卵以及一些小型鱼类，但最重要的食物是淡水虾类，这些虾类含有类胡萝卜素，使鱼肉呈现橘红色。在水产养殖中，可以在上市前通过在饲料中添加虾青素等绿色饲料添加剂的方式使鱼肉呈现粉红色。

2. 虹鳟的人工养殖

由于虹鳟在养殖系统中不能自然产卵，因此必须通过人工繁殖的方式从发育成熟的亲鱼获得鱼卵。尽管养殖条件下 2 龄的虹鳟鱼已开始产卵，但在生产中一般选用 3 龄后的雌性亲鱼。一个养殖场需要的亲鱼数量取决于该鱼场具有多大的仔稚鱼生产能力。这个数量可以通过雌性亲鱼的繁殖力和不同生长阶段苗种的成活率进行估算。一般来说，雌雄亲鱼数量为 3∶1，被认为是一个理想的性别比例。有条件的鱼场建议雌雄分开管理。亲鱼维持的费用是非常高的，需要大量的人力和财力，这也是一些养殖场从其他渠道购买发眼卵的原因，但需要保证所购的发眼卵经过严格检疫，不携带任何病原。发眼卵在运抵养殖场后应使用碘液进行消毒，并且逐渐适应水温。一般选择生长速度快和性成熟早的亲体进行培育。

目前，虹鳟的繁殖生理特征已经被很好地掌握，人工繁殖技术也已非常成熟。孵化场可采用多种手段对虹鳟进行生殖调控，促进性腺发育成熟，可以做到全年供应发眼卵，也可通过多种理化方法生产不育的雌性三倍体，以满足不同地区和市场的需求。人工繁殖过程中，常采用干法受精的方式进行人工授精。一般的操作步骤是，先麻醉成熟的雌性亲鱼，采用人工挤压的方式采集干净、健康的鱼卵并尽量减少对亲鱼的胁迫。接下来麻醉雄鱼，采集精液。可采用混合 3~4 尾雄性亲鱼精液的方式提高受精率。之后加水激活精液并使鱼卵吸水膨胀。受精卵一般在孵化槽、垂直流水孵化器或孵化缸中进行孵化。受精卵在发眼前不宜移动，并应在整个发育阶段避免光照。

虹鳟仔鱼孵出时有一个较大的卵黄囊，可以在开口摄食前提供所需能量。随着发育的进行，仔鱼的卵黄囊逐渐被吸收，并开始活跃地寻找食物。虹鳟鱼苗一般饲养于平列槽和圆形培育缸内，并维持一个正常的水流，以使鱼苗均匀分布。虹鳟鱼苗可以用配合饲料直接开口，一般开始于 50%以上鱼苗完成上浮。投喂可以采用自动投饵机，也可以选择人工投喂。但在早期发育阶段，建议采用人工投喂的方式，以避免过量投喂的发生。配合饲料一般由鱼粉、鱼油、谷物等组成，以保证营养平衡，促进鱼类健康快速生长。开口饲料的蛋白含量一般在50%左右，脂肪含量12%~15%，同时，应适量添加维生素（如维生素 A、维生素 D、维生素 E）和矿物质（如钙、磷、钠）。高能饲料和科学的投喂可使饲料系数保持在1.0左右。当鱼苗长至15~25 mm时，可以参照投喂表进行投喂。投喂表的建立主要依据水温、鱼体规格等因子对虹鳟摄食和生长的影响。随着鱼苗的生长，应实时监控溶解氧的变化并及时分苗，以降低养殖密度。当鱼苗长至8~10cm时，可将鱼苗转移至室外养殖设施中饲养。虹鳟的养殖生产流程详见图3-1。

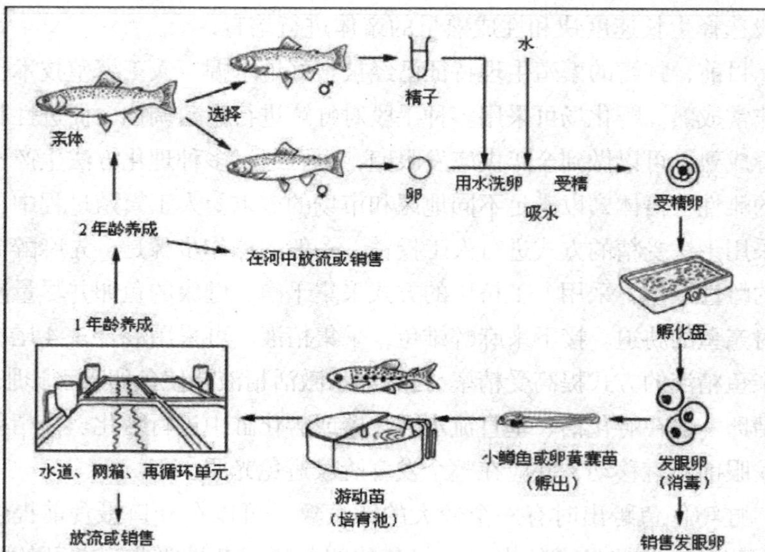

图3-1　虹鳟的生产流程（FAO，2020b）

虹鳟易于接受人工饲料，养殖生产中从开口驯化、苗种培育到后期的商品鱼养殖可全部采用人工配合饲料饲喂。各国学者对虹鳟的营养需求和饲料配制技术进行了广泛而深入的研究，获得了较为全面的营养饲料数据库，商品饲料生产技术也较为成熟。虹鳟属肉食性鱼类，对蛋白质有较高的需求，但不同生长阶段对蛋白质的需求存在一定差异。在幼鱼阶段，饲料中蛋白含量一般需要达到 45% 以上；成鱼阶段，饲料中的蛋白含量也需达到 35%以上。虹鳟幼鱼对 10 种必需氨基酸的需求量（%饲料重）分别为：精氨酸 1.4~1.8、组氨酸 0.5~0.6、异亮氨酸 0.7~1.4、亮氨酸 1.1~1.4（初始体重 49.0 g）、赖氨酸 1.4~2.5、蛋氨酸 0.4~0.9、苯丙氨酸 0.7、苏氨酸 1.1、色氨酸 0.1~0.3 和缬氨酸 0.8~1.6。

鱼粉是虹鳟饲料中的主要蛋白源，但由于价格不断升高且来源不稳定，学界和产业界一直非常重视鱼粉替代技术研究，多种动植物蛋白源被应用到虹鳟的饲料中，取得了较高的效果，有效地降低了虹鳟饲料中鱼粉的使用量、饲料成本和环境污染。目前，国外虹鳟商品饲料鱼粉添加量可控制到 15%以下。虹鳟对脂类也有较强的利用能力，饲料中脂肪含量可达到 20%左右。鱼油是冷水性鱼类的主要脂肪源，但虹鳟对多种油脂都有较好的利用能力。研究表明，大豆油等植物性油脂对虹鳟的生长没有明显的负面影响。虹鳟对糖类的利用能力较差，且对不同糖原的利用存在一定差异。另外，各国学者也对虹鳟饲料中维生素、矿物质、功能添加剂的生理功能进行了较为深入的研究，目前已摸清了虹鳟对主要维生素和矿物质的需求量，多种功能性添加剂也在虹鳟饲料中取得了较好的应用效果。

密度是影响鱼类生长、健康和福利的重要因素之一，关于虹鳟的密度控制标准也引起了各国渔业管理部门、生产企业和科学家的高度重视，并开展了大量的研究工作，然而由于鱼种来源、养殖设施和养殖方式等方面的差异，研究结果也有很大的不同。农场动物福利委员会（Farm Animal Welfare Council，FAWC）报道基于鱼鳍损伤、死亡率和福利因素建议鳟鱼的养殖密度应控制在 30~40 kg/m^3，英国学者 North (2006)等的研究结果表明，在条件适宜的情况下，虹鳟可以适应高达 80 kg/m^3 的养殖密度，而没有对其生长和生理指标产生明显的负面影响，但对鱼鳍造成了一定的损伤，并提示过高和过低的养殖密度都有可能对虹鳟产生潜在的负面影响。

单养是虹鳟最重要的养殖方式，并且一般都采用集约化的生产方式以实现最大的收益，具体的养殖模式主要有流水池塘/跑道养殖、淡水/海水网箱养殖、工厂化养殖等。一般而言，跑道和池塘的规格为宽 2~3 m、长 12~30 m、水深 1.0~1.2 m。流水池塘和跑道式养殖可以通过流水保证充足的溶解氧和良好的水质。一组串联的跑道或池塘的数量应充分考虑水质的保证和土地的坡度。从保证水质和控制疾病的角度考虑，并联的设计为优，因为污染物只流经养殖系统的一小部分。流水池塘和跑道式养殖系统中，在保证投喂和水流的情况下，鱼苗阶段的养殖密度一般控制在每平方米 25~50 尾至 30 kg。在条件满足的情况下，更高密度的养殖也是可以实现的。养殖过程中可将苗种阶段的虹鳟分为 4 个阶段，分别为 2~5 g、10~20 g、50~60 g 和>100 g，应定期进行密度调整，以保证鱼苗快速生长、规格的均匀以及高效的投喂管理。同时，应定期进行采样，估算生长率、饲料转化率、生产成本，评估养殖容量。在水温适宜的情况下，经过科学管理的虹鳟最快可在 1 年内达到上市规格（30~40 cm）。另外一种养殖模式是网箱养殖，多采用浮式网箱。网箱一般设置在淡水中，大规格虹鳟苗种也可在海水网箱中养殖，但需要保证水质和充足的溶解氧。常见的网箱规格为 6 m × 6 m，水深 4~5 m。这种养殖方式在技术上比较简单，只是使用了符合条件的水体，并且成本一般比流水养殖系统要低。但是，在这种养殖方式下，虹鳟容易受到水质和捕食者（如鸟类）的影响，生长率受水温的影响也比较大。网箱养殖模式下，可以达到较高的养殖密度（30~40 kg/m^2），并且在海水网箱中，虹鳟生长速度更快，可以在更短的时间内达到上市规格。

虹鳟养殖场的备选地点必须具有可终年供水的高质量水源，且以最高水温低于 21℃ 为宜，并且要求溶解氧含量高。养殖用水的 pH 5.5~8.5 为宜，碱度范围 10~400 mg/L，锰含量小于 0.01 mg/L，铁含量小于 1.0 mg/L，锌含量小于 0.05 mg/L，铜的含量在软水中要小于 0.006 mg/L，硬水中铜的含量则应小于 0.3 mg/L。地下水可以用来进行虹鳟养殖，在一些情况下可能需要充氧，但溶解氮过高的水可引起鱼的血液中形成气泡，进而影响血液循环，也就是俗称的“气泡病”。河水也可进行虹鳟养殖，但水温和水流的波动会影响生产能力。我国虹鳟的养殖模式以流水池塘养殖为主，在西南、西北的水库中也有较大规模的网箱养殖，近年来也有在近海和深远海进行网箱养殖的尝试。主要的养殖品种包括二倍体和三倍体虹鳟。三倍体虹鳟具有生长速度快的优势，特别是在性成熟以后，但抗逆性、抗应激和抗病力较差，在实际生产中应根据实际需求和养殖条件选择适宜的品种。近年来，我国虹鳟鱼的遗传选育工作发展较快，包括中国水产科学研究院黑龙江水产研究所在内的多家研究单位和团队开展了大量的研究工作，一些选育品系已被证明具有良好的生产性能。

虹鳟鱼的暴发性病害主要以细菌性和病毒性疾病为主，其中病毒性的传染性造血器官坏死病（infectious hematopoietic necrosis，IHN）和传染性胰腺坏死病（infectious pancreatic necrosis，IPN）对虹鳟鱼的养殖生产具有较为严重的影响，近年来，中国水产科学研究院黑龙江水产研究所（简称“黑龙江水产研究所”）等单位对相关病毒性疾病的疫苗制备开展了大量富有成效的工作，但还未进入到商业化应用阶段。养殖企业应从鱼卵开始，严格把控各生产环节，加强预防管理。虹鳟养殖中的常见疾病见表 3-1。

表 3-1　虹鳟的常见病害（FAO，2020b）

疾病	致病因子	类型	综合病症	措施
疖病	杀鲑气单胞菌	细菌	内脏发炎；鳍变红；体有疖子；胸鳍感染；组织坏死	饲料中掺抗生素，例如土霉素
似疖病	嗜水气单胞菌	细菌	身体上小的损伤变成大的伤口；鳍变红，组织损伤	同疖病
弧菌	鳗弧菌	细菌	无食欲；鳍和排泄孔及嘴周围变红；同时嘴和排泄孔周围出血；潜在高死亡率	同疖病。为更加安全可使用疫苗
细菌性肾病（BKD）	鲑肾杆菌	细菌	肾上有白色损伤；肾和肝出血；一些鱼无食欲并接近水面游动；体色发黑	同疖病
细菌性鳃病	粘杆菌	细菌	无食欲；鳃肿胀发红；最后鳃丝结块，在后期变白，分泌物阻碍鳃的功能	在杀菌剂中清洗，定期过滤来水清除水中微粒
传染性胰腺坏死病	IPNV	病毒	无规律游动，最后沉底死亡	无治疗；清除已感染的种群病害
传染性造血器官坏死病	IHNV	病毒	无规律游动，最后上下漂动，呼吸加快后死亡；眼膨胀；胸鳍、背鳍基和排泄孔周围出血	同传染性胰腺坏死病
病毒性出血性败血症	VHSV	病毒	眼膨胀，有时眼出血；鳃苍白；腹鼓胀；无生气	同传染性胰腺坏死病
白点病	多子小瓜虫	原生动物	身体上有白斑；昏睡；试图在池边磨蹭去掉寄生虫	表面寄生虫用福尔马林洗；表皮下寄生虫使用硫酸铜；用快速流动的水预防

注：治疗措施应根据最新的研究成果和法规适当调整

3．结语

虹鳟是现代水产养殖中最为成功的养殖种类之一，各国学者已围绕虹鳟的良种选育、营养饲料、病害防控、人工养殖开展了大量深入的研究工作，取得了丰硕的研究成果，极大地推动了虹鳟养殖产业在世界范围内的发展。我国冷水资源丰富，很多省市和地区具备开展虹鳟养殖的基础和条件，随着市场认可度的逐步提高，相信我国的虹鳟鱼养殖产业会得到更好的发展。

二、大西洋鲑的生物学特性及人工养殖

大西洋鲑（*Salmo salar*）隶属于鲑科鲑属，英文名为 Atlantic Salmon，是世界上最重要的养殖鱼类之一。据 2020 年 FAO 数据显示，世界范围内的大西洋鲑养殖年产量已超过 240 万吨。大西洋鲑无肌间刺、高品质、营养丰富、富含高不饱和脂肪酸、加工方式多样，是欧美国家的主要食用鱼类，深受世界人民欢迎，近年来在我国也深受追捧，三文鱼生鱼片受到许多国人的喜爱。大西洋的主要鲑养殖国家和地区有挪威、智利、加拿大、英国、冰岛、芬兰、爱尔兰、法罗群岛、澳大利亚等。我国由于夏季近海海域水温偏高，不适于大西洋鲑的规模化养殖，目前只有少量工厂化养殖的大西洋鲑，产量比较有限，绝大部分仍需要进口。

1. 大西洋鲑的生物学特性

大西洋鲑自然分布于北大西洋两岸。东岸从白令海的欧洲海岸，挪威、瑞典海岸一直到波罗的海（包括芬兰、苏联地区），南部至不列颠群岛、西欧海岸及西班牙和葡萄牙边界附近，在冰岛也有分布。在大西洋西岸，分布范围从加拿大昂加瓦湾、哈德逊河和戴维斯海峡至南格林兰岛南部沿拉布拉多海岸、纽芬兰、魁北克沿岸的大多数河流中。大西洋鲑主要分布区域为纬度 40°~70° 的欧洲以及纬度 40°~60° 的北美洲。它们在深海的育肥场中主要摄食鲱鱼和鱿鱼，最多可在育肥场停留 4 年的时间。性成熟后，大西洋鲑停止摄食，返回出生的河流产卵。大多数大西洋鲑在繁殖后死亡，只有少

部分能再次回到海洋中。

大西洋鲑有两个生态类型，一种为陆封型，终身在淡水水域中定居生活，另一种为洄游型，在海洋中育肥生长，待成熟后生殖洄游至淡水中繁殖产卵。其中，洄游型种类更为常见。一般幼鱼在淡水中生活 2~3 年，当体长达到 15 cm 时，幼鲑开始向海洋中迁移，之后在海洋中生活 1~2 年甚至更长的时间，再返回到淡水中产卵。在加拿大，大西洋鲑通常在 10 月和 11 月繁殖，具体时间因不同区域存在一定的差异。海水中的大西洋鲑先移动至河口附近，之后在春季、夏季或秋季早期进入淡水区域，进入淡水的具体时间在不同河流之间也存在差异。大西洋鲑需要历经千难万险，克服重重困难，穿越瀑布和其他河流中的障碍才能到达产卵场，几个世纪以来已经成为一道奇观。当成年大西洋鲑准备产卵前，雄性亲鱼需经历一个变态的过程，即头部变长、下额增大、前端呈钩状，形成突起。实际的产卵区域由雌性亲鱼选择，常选择陷坑表面或底部具有沙砾的浅水区域。当雄性亲鱼驱赶走其他雄鱼和入侵者后，雌性亲鱼用尾鳍做窝产卵。雌性亲鱼每千克体重一般可产量约 1500 粒卵，鱼卵通常呈淡黄色，卵径一般 5~7 mm。产卵后，部分存活的亲鱼顺流而下，重新开始摄食，并有可能在几年之后重新返回产卵。孵出的鱼苗仍然在淡水中生活，主要以昆虫幼虫和小鱼为食，直到适应海水，完成入海前的准备，之后它们游向深水区的育肥场生长、成熟。初次入海的野生幼鲑一般 20~30 g，在海水中大西洋鲑通常可以长到 8~13 kg，这时开始生殖洄游，即返回出生的河流繁殖后代。

与其他硬骨鱼类一样，大西洋鲑为变温动物，其体温随着生存水温的变化而改变。大西洋鲑为典型的冷水性鱼类，环境温度对其洄游、代谢过程和生活史具有极为重要的影响。成年大西洋鲑溯河而上时的最大温度在 16~26℃，适宜的产卵孵化温度约为 6℃，观测到的幼鱼的生长温度一般高于 7℃。大西洋鲑在夏季溪流中的适宜生长和成活温度为 17℃，上限起始致死温度为 27.8℃，但成年大西洋鲑和幼鲑可以在极限致死温度下短期存活，急性温度变化超过 10℃可能造成大西洋鲑的死亡。

在溪流中生活的大西洋鲑幼鱼依靠视觉摄食，主要食物来源为水生昆虫的幼虫。当进入海洋和大湖中后，幼鲑会主动适应当地的食物，常见的食物种类有无脊椎动物、头足类、磷虾和小鱼。海洋中生活的后期幼鱼和成鱼，主要摄食毛鳞鱼和鲱鱼。在加拿大安大略湖，大西洋鲑主要的饵料鱼有 2 种：灰西鲱(Alosa pseudoharengus)和香鱼(Osmerus mordax)。产卵洄游前，成年大西洋鲑停止摄食，并在产卵期间发生一系列的生理变化。

2. 大西洋鲑的人工养殖

大西洋鲑养殖开始于 19 世纪的英国，主要目的是通过向淡水中放养幼鲑的方式提高野生群体的回归率，以供游钓者垂钓。海上网箱养殖开始于 20 世纪 60 年代的挪威，将大西洋鲑养到上市规格。挪威早期的成功促使苏格兰以及后来的爱尔兰、法罗群岛、加拿大、美国东北部沿海、智利和澳大利亚（塔斯马尼亚）鲑鱼养殖的发展。新西兰、法国和西班牙也有小型生产。所有主要生产区域位于北半球纬度 40º~70º 和南半球 40º~50º 内的区域。

挪威早期的成功依赖于其独特的地理位置和气候条件为大西洋鲑提供的完美庇护地点、适宜的水文条件（稳定的水温和盐度）以及政府的强力支持和投资。此外，挪威大西洋鲑性成熟晚也是成功的重要因素。苏格兰大西洋鲑由于性成熟早，降低了商品鱼的价值。因此，苏格兰引进了挪威品系来解决这个问题。目前，大多数生产区域养殖的大西洋鲑均为经过杂交育种产生的杂交种。爱尔兰大西洋鲑养殖的发展则受制于水域深度和当地的反对。法罗群岛目前养殖大西洋鲑的经济价值已经超过了捕捞业。北美大西洋鲑的养殖主要是在大西洋和太平洋沿岸开展。智利在 20 世纪 80 年代早期从挪威和苏格兰引进了大西洋鲑，目前已经成为大西洋鲑的主要生产国。智利的大西洋鲑养殖产业的发展主要受益于养殖的低成本以及容易获得作为大西洋鲑饲料主要蛋白源的鱼粉。这些优势使得智利大西洋鲑可以和北半球的生产商争夺市场份额。澳大利亚塔斯马尼亚的大西洋鲑养殖始于 1984 年，最初鱼卵来自加拿大的新斯科省。这一区域具有适宜的海水温度，而且由于其相对隔离的地理位置，避免了其他野生和养殖群体的大西洋鲑主要传染性疾病的发生。但由于这一区域缺乏合适的养殖地点，限制了当地大西洋鲑养殖产业的进一步发展。快速发展的大西洋鲑养殖产业使得商品鱼的价格不断下降，给生产商带来降低生产成本的压力。未来产业的进一步发展可能主要将依赖离岸和深远海养殖，因为大多数适宜的近海养殖区域已经被使用了，并且不断增加的病害、更为严厉的管理措施以及保护区的不断扩张都极大地影响了传统的近岸养殖。目前养殖的大西洋鲑主要都是杂交品系，一般为当地群体与挪威大西洋鲑的杂交后代。为了鉴定具有快速生长潜力和抗病力的家系，一些家系选育项目也正在开展。性别控制和遗传操控技术目前在养殖大西洋鲑中还未普遍的采用。

从海水养殖的群体中选择适宜的亲鱼，一般在人工产卵前 2 个月多的秋天将亲本转移到淡水养殖系统中。通常选择干法挤压排卵，人工授精，除去未受精的卵后在专用的孵化设备中孵化，孵化水温一般低于 10℃。初孵仔鱼具有较大的卵黄囊，以在开口摄食前为仔鱼提供营养物质，并生活在养殖设施的底层。当卵黄囊逐渐被吸收后，鱼苗开始向水表层移动，提示即将进行首次摄食。商业化育苗中一般选择配合饲料进行开口，在流水养殖系统、循环水养殖系统、或淡水网箱中将鱼苗养至幼鲑（即初次入海的鲑鱼）。养殖密度因养殖系统的不同存在差异，高度集约化养殖的系统中养殖密度可以达到 50 kg/m^3 以上。体重达到 40~120g 的幼鲑，经过一系列的海水驯化过程即可转移至海上的养殖设施中。海水养殖系统通常采用浮式网箱，网箱采用圆形设计，也可采用方形网箱，规格较大的浮式网箱可达到 24m^2 或直径达 100m，深度可达到 15~18m。养殖地点的选择一般需综合考虑水温、盐度、水流和水交换率。大西洋鲑的适宜水温为 6~16℃，适宜盐度为 33‰~34‰，水流需要达到足够的自净能力并能提供充足的溶解氧。通常最大密度可以达到 20 kg/m^3。大西洋鲑在海水网箱中达到 2 kg 以上的上市规格，一般需要 2 年左右的时间。

大西洋鲑为肉食性鱼类，对饲料中蛋白质和脂肪含量都有较高的要求。鱼粉、鱼油依然为大西洋鲑主要的蛋白源和脂肪源。然而由于鱼粉、鱼油价格的不断升高，亦开展了大量的鱼粉、鱼油替代研究，并取得了突破性的进展。近年也有报道海水养殖阶段的大西洋鲑可以全养殖周期采用不含鱼粉的饲料投喂。目前的饲料系数一般可以控制在 1 以下。大西洋鲑的投喂技术近年来也取得了很大的进步，许多养殖场都采用具有监测设备的自动投喂系统进行投喂，可以随时监测鱼类的摄食活动，以达到避免过量投喂、降低环境污染的目的。

大西洋鲑的病害发生因地理位置的不同存在差异，细菌性疾病、病毒性疾病以及寄生虫疾病都可能对大西洋鲑的养殖生产造成较大的影响，其中海虱病对海水网箱养殖的大西洋鲑影响很大，常造成大量的死亡。大西洋鲑养殖过程中常见的病害见表 3-2。

表 3-2　大西洋鲑养殖过程中常见的病害（FAO，2020b）

病害	病原体	类型	综合病症	措施
ISA（传染性鲑鱼贫血病）	正黏病毒	病毒	无生气；无食欲；在水面喘气；鳃和心苍白；体腔有流体；肝发黑；内脏出血	无治疗；法定控制；生物安全；血水治疗
VHS（病毒性败血病）	棒状病毒	病毒	眼鼓胀，一些情况眼出血；鳃苍白；腹肿胀；无生气	无治疗；法定控制；正在开发疫苗
IPN（传染性胰腺坏死）	双 RNA 病毒	病毒	无规律游动，最终觉底死亡	无治疗；法定控制；生物安全；亲鱼筛选；正在开发疫苗
SPDV（鲑胰腺病毒病）	披膜病毒	病毒	体重降低、虚弱、死亡	无治疗；减少饲料；疫苗
疖病	鲑鱼气单细胞	细菌	肠发炎；鳍变红；体有疖子；胸鳍感染；组织枯萎	抗生素；疫苗
BKD（细菌性肾病）	鲑肾杆菌	细菌	肾有白色损坏；肾、肝出血；一些可能无食欲并接近水面游动；明显发黑	法定控制；生物安全；亲鱼筛选
冬痛病	Morltalla viscose（多因素）	细菌	溃疡	抗生素；疫苗
ERM（肠道红嘴病）	鲁氏耶尔森氏菌	细菌	鱼发黑、昏睡，在下水流处不动；双眼突出；体液累计导致腹部肿胀；嘴和腮出血	淡水抗生素；疫苗
SRS（鲑里克次体病）	鲑立克次体	细菌（立克次体）	增加死亡率；厌食；鳃苍白，血球降低；腹肿胀；被感染的鱼发黑、混睡在围栏边游动	抗生素
水霉病	水霉	真菌	体表有白色或灰色丝状片；絮状，呈辐射圆形、新月或螺纹形；通常开始于头或鳍	溴硝醇/福尔马林冲洗
海虱病	鲑疮痂鱼虱；海虱	外寄生虫	生长缓慢；丧失鳞；眼和鳍出血	驱虫药（冲洗，例如甲基吡啶磷、氯氰菊酯、过氧化氢）；饲料中（例如甲氯基阿维菌素苯甲酸盐、伏虫龙）

续表

病害	病原体	类型	综合病症	措施
鳃阿米巴病	拟变形虫	外寄生虫	在鳃部	淡水冲洗
绦虫	假叶绦虫；裂头绦虫	内寄生虫	生长减缓；达不到养殖规格；调节因素降低；外观上消费者不接受	饲料中加芬苯达唑/吡喹酮治假叶绦虫；避免早期寄主
淡水原生动物	口丝虫；车轮虫；小瓜虫	外寄生虫	愤怒反应；鳃盖动作笨重、吃力；闪光并蹭磨；过度黏液造成的皮肤发暗；红点；无生气	福尔马林冲洗
海藻/水母潮	多种	多种	多种	避免；隔断系统；环绕
生产疾病	多种（天生、营养、环境）	多种	多种	改善管理

注：具体的防治措施应按当地法律和最新研究进展适当调整。

收获大西洋鲑的方法比较多，但一般会在采捕前饥饿 3 天左右。整个操作过程应最大限度地减少应激，以在最大程度保证鱼肉的品质。捕捞时，先使鱼聚集，然后使用抽鱼泵将鱼抽出，以使鱼保持存活，接下来，直接将鱼运到屠宰工厂加工，也可以选择在网箱旁边就近处理。在苏格兰，常将鱼击晕后，快速去除鳃并放血，并沉浸在冰水中。这样可以严格控制血液废物的排放以阻止疾病的传播。然后再去除内脏，清洗并冷却。当鱼肉的温度达到 3℃左右的时候，将鱼在冰上分等级包装。在这个过程中，可以整条鱼冷冻售卖，也可以只冷冻鱼肉。然而，现在大多数时候是直接取鱼肉以鲜肉或烟熏的方式售卖。烟熏三文鱼占三文鱼食用总量的比例较大。烟熏的方法比较多样，但一般的过程是先用盐腌制鱼肉再用木炭进行烟熏。烟熏后的三文鱼可人工或使用机器进行修剪和包装。

目前，养殖的大西洋鲑占据 90%以上的养殖鲑鱼和 50%以上全球鲑鱼市场份额。主要的消费市场是日本、欧盟和北美。主要的产品类型包括鲜鱼肉、冷冻和烟熏。其中烟熏产品主要的消费市场是欧洲国家。由于过去 10~15 年大西洋鲑产量的快速增加，其价格下降很快。再加上适宜养殖地点的减少，使得北半球的产量增加进一步受到限制。产量增加最快的生产国是智利，主要因为该国劳动力和生产资料成本低，进而可以与传统大西洋鲑生产国有效竞争。许多欧洲国家的生产成本比较高，这也促使他们花大力气提升产品的品质，以便保护市场价格。目前，关于大西洋鲑养殖的前沿研究主要还是在传统的北欧国家开展，主要的研究集中于扩大经济规模，降低单位产品的成本，维持利润空间。然而，未来产量的增加可能还是来自于智利，其劳动力和原材料成本优势明显。

大西洋鲑养殖长期以来也存在一定的争议，一些个人和组织担心大西洋鲑的养殖活动会对环境和野生种群造成严重的负面影响。主要关注点包括养殖废物（残饵和粪便）对当地水体造成污染、化学药物的使用造成的化学污染、疾病的传播可能对野生鱼类造成影响以及对全球环境的影响和可持续发展问题。这是因为大西洋鲑的养殖使用的饲料严重依赖鱼粉和鱼油，这可能会对全球野生小型鱼类资源造成破坏。目前，主要生产国都非常关注大西洋鲑养殖对环境和野生资源的影响，已制定了多种措施推行开展负责任水产养殖活动，促进大西洋鲑养殖绿色可持续发展，以提升鱼肉品质、产品安全、鱼类福利，养殖环境的可持续性。

3. 结语

大西洋鲑的人工繁殖和商业化开发取得了巨大成功，相关的研究也非常系统和深入，相关经验对我国鲑鳟鱼类的养殖技术体系建立、相关配套技术研发以及商业化推广都有很好的借鉴意义。

三、细鳞鲑的生物学特性及人工养殖

1. 细鳞鲑的生物学特性

细鳞鲑（*Brachymystax lenok*）隶属于鲑形目鲑科细鳞鲑属，俗称山细鳞、江细鳞鱼（东北）、花鱼（陕西）、小红鱼（新疆）、哲鲤（内蒙古），是我国珍稀名贵的土著冷水性鱼类。细鳞鲑无肌间刺，肉质细嫩，肉味鲜美，可食部分多，深受消费者青睐。

细鳞鲑广泛分布于欧亚大陆东北部，主要分布在中国、韩国、蒙古、俄罗斯及西伯利亚等地区。在我国主要分布在黑龙江、吉林、辽宁、河北、内蒙古、新疆和陕西等省和地区，秦岭一带是我国细鳞鲑分布的最南端。由于环境恶化及人为活动等原因，细鳞鲑在我国的分布区域日益缩小，已由面状分布变为点状分布，种群数量急剧减少，很多有细鳞鲑自然分布的地区已很难见到。我国 2021 年发布的最新修订的《国家重点保护野生动物名录》已将细鳞鲑属所有种类的野外种群列为国家二级保护野生动物。在黑龙江流域，细鳞鲑是一种重要的经济鱼类，肉肥美，20 世纪中后期曾有很高的捕捞产量，目前仅在少数江段可见，捕捞产量很低。黑龙江水系的细鳞鲑个体较大，一般重 1kg，最大个体可达 8kg。

关于细鳞鲑的分类，目前在学术界仍具有一定的争议。传统的鱼类分类学著作认为我国细鳞鲑为 1 属 1 种，之后有学者将分布于秦岭一带的秦岭细鳞鲑认定为亚种。俄罗斯学者根据细鳞鲑吻部的形态认为细鳞鲑可以分为尖吻细鳞鲑和钝吻细鳞鲑。我国学者根据外部形态和分子生物学分析结果认为分布于黑龙江水系的尖吻细鳞鲑和钝吻细鳞鲑存在种间分化。对采集于乌苏里江下游海清江段的具钝吻形态特征的细鳞鲑和采集于呼玛河上游塔河河段的具尖吻形态特征的细鳞鲑的形态学分析表明：钝吻细鳞鲑的吻较钝，口端位，上、下颌前端平齐，上颌骨后缘伸达眼中央下方；尖吻细鳞鲑的吻较尖，口为亚下位，上颌前端明显在下颌之前，上颌骨后缘不达眼中央下方。钝吻细鳞鲑与尖吻细鳞鲑的几种主要可数性状如鳃耙数、侧线鳞数和幽门垂数也存在一定的差异。例如，钝吻细鳞鲑第 1 鳃弓外侧鳃耙数较少，结构较疏松，而尖吻细鳞鲑的鳃耙较数多，结构较为紧密。两者的鳃耙数最多相差 8 ~ 10 枚。在幽门垂和侧线鳞的数目上也存在一定的不同。另外，钝吻细鳞鲑与尖吻细鳞鲑头部特征的主要可比性状也存在较大的差异。例如，相对于尖吻细鳞鲑，钝吻细鳞鲑的头较高、吻短而钝、眼径大、眼间距宽。在分子水平上，利用微卫星标记对钝吻细鳞鲑与尖吻细鳞鲑的种群遗传结构进行比较研究发现，2 种细鳞鲑在种群遗传多样性上存在显著性差异。基于线粒体 DNA 控制区序列的分析也表明，2 种细鳞鲑存在较大的差异。此外，近年来也有学者认为秦岭细鳞鲑应被认定为独立物种。总体来看，细鳞鲑的分类问题还有待于进一步的深入研究和探讨。

细鳞鲑以鳞细小而得名，体型为纺锤形；胃发达，弯管状，幽门盲囊发达；具脂鳍，位于臀鳍后段上方。细鳞鲑属肉食性鱼类，以水生昆虫（毛翅幼虫、摇蚊幼虫等）和小型鱼类为主，也摄食蛙类、鱼卵等，除繁殖期外，一年四季均摄食旺盛。黑龙江水系的野生细鳞鲑的性成熟年龄一般为 4 龄以上，自然条件下春季繁殖，产卵期在 4~5 月，雌性平均怀卵量 4000 粒左右。野生细鳞鲑具有明显的季节性洄游特性，融冰开河后，从干流洄游到支流和溪流中产卵，秋季则游回大江深水处越冬。

细鳞鲑营养丰富，蛋白和脂肪含量高，且富含对人体健康极为有益的高不饱和脂肪酸。对采捕于乌苏里江虎头段和牡丹江海浪河支流的 24 尾细鳞鲑（体重 854 ~ 1882 g，叉长 41.5 ~ 51.0 cm）的背部肌肉营养成分分析显示，细鳞鲑的粗蛋白含量为 13.20%，含量最高的氨基酸为谷氨酸（2.04%），最低的为色氨酸（0.07%）；氨基酸总含量（TAA）为 13.13%；人体必需氨基酸（EAA）总量为 5.53%，鲜味氨基酸（DAA）总含量 4.87%。细鳞鲑肌肉中 8 种人体必需氨基酸含量（mg/g N）为 2893，高于 FAO/WHO 标准（2250），但略低于鸡蛋蛋白标准 3066。应用氨基酸分（AAS）和化学分（CS）对细鳞鲑肌肉氨基酸质量进行的营养评价存在一定的差异。以氨基酸分（AAS）评价，细鳞鲑肌肉中赖氨酸（Lys）含量最高，其次为苯丙氨酸和酪氨酸（Phe+Tyr），而色氨酸（Trp）、缬氨酸（Val）最低。以化学分 CS 值评价，细鳞鲑肌肉中赖氨酸（Lys）含量最高，其次为亮氨酸（Leu），而色氨酸（Trp）、蛋氨酸和胱氨酸（Met + Cys）最低。细鳞鲑肌肉中的粗脂肪含量为 3.88%，共检测到 34 种脂肪酸，其中饱和脂肪酸（SFA）9 种，不饱和脂肪酸（UFA）25 种。在不饱和脂肪酸中，单不饱和脂肪酸（MUFA）12 种，多不饱和脂肪酸 (PUFA)13 种。高不饱和脂肪酸中以 n-3 系高不饱和脂肪酸为主，总含量超过 19%，其中对人体健康极为有益的二十碳五烯酸（EPA）和二十二碳六烯酸（DHA）均较高，含量分别超过 5%和 9%。另外，n-6 系高不饱和脂肪酸仅 C18:3n-6 1 种，含量也较低，仅为 0.19%，并且未检出亚油酸（C18:2 n-6）。

细鳞鲑为典型的冷水性鱼类，没有明显的生存下限温度，超过 24℃不能长期存活。实验生态学的研究表明，细鳞鲑的适宜水温范围为 14 ~ 18℃，水温 22℃下细鳞鲑的摄食、生长受到显著的负面影响。不同规格的细鳞鲑对温度的适应性也存在一定的差异，如小规格细鳞鲑（7 g）在 18℃时获得最大摄食率，中规格细鳞鲑（68 g）在 14℃和 18℃获得最大摄食率，而大规格细鳞鲑（169 g）在 14℃时获得最大摄食率。小、中规格细鳞鲑在 14℃和 18℃时的特定生长率最高，而大规格细鳞鲑特定生长率在 14℃时有最大值。应用基于核磁共振的代谢组学对细鳞鲑热应激效应的研究结果也表明，短期高温胁迫（24℃）可导致细鳞鲑血液和肝脏中小分子代谢物的复杂动态变化，具体包括能量代谢的抑制、脂类代谢的上升以及氨基酸、胆碱和核苷酸代谢的变化。此外，来自细鳞鲑血液生化、肝脏热休克蛋白基因表达以及肝脏组织学的结果也证明，高温应激对细鳞鲑的机体健康造成了严重的负面影响。

2. 细鳞鲑的人工养殖

我国对细鳞鲑的研究开始于20世纪50年代。1954年黑龙江水产研究所进行人工繁殖初探，15个月养殖苗种体长达到18~22cm，后因故停止研究；1982~1985年，吉林省水产研究所在长白十三道沟水库进行人工放流工作，有了一定的效果；1995~2000年，河北围场县半截塔镇榆林子虹鳟渔场进行了野生细鳞鲑的驯化和人工繁殖工作；2003~2005年，中国水产科学研究院黑龙江水产研究所对细鳞鲑的全人工繁殖获得成功。

人工养殖条件下，细鳞鲑的初产年龄雌性为3龄，雄性为2龄，个体一般在0.6 kg左右，雌性一般初产每尾约800粒卵。而多次产卵亲鱼体重在1.5~5.0kg，一般怀卵量在每尾2000~5000粒（牟振波等，2013）。少量亲鱼繁殖时，可以待亲鱼发育成熟后，人工挤卵和排精，规模化繁育则需要注射一定剂量的催产剂，使其同批大规模成熟，便于后期的人工授精、鱼卵孵化和苗种培育。

刚孵出的仔鱼在平均温度9℃时经10～12天即可逐渐上浮，上浮仔鱼的全长范围在1.8～2.2cm。鱼苗开口可以选择生物饵料，之后逐渐过渡到配合饲料，也可直接应用配合饲料开口。选择生物饵料开口，一般鱼苗驯化成活率较高，但操作较为烦琐，工作量较大，且生物饵料有时存在来源和质量不稳定的问题。在规模化生产中，细鳞鲑的开口饲喂多采用配合饲料，优点是操作简单，便于规模化管理，缺点在于对技术要求较高，驯化成功率也较低。在开口饲料的选择上也需多加注意，应关注配合饲料的营养平衡和物理特性，以提高驯化成功率。苗种培育阶段，细鳞鲑的生长和成活受到多种因素的影响，温度、密度、光照、摄食水平等因子都会在一定程度上影响细鳞鲑的成活和生长。养殖过程中，应根据养殖方式、设施条件等因地制宜，进行适当调整，以保证苗种培育的成功。

细鳞鲑的早期发育阶段发育规律也可作为苗种培育策略的重要参考。发育完全的细鳞鲑的消化系统包括口咽腔、食管、胃、幽门盲囊、肠和肛门等部分。研究表明，在水温为12.0～16.2℃时，细鳞鲑消化系统原基细胞团在卵受精后201h出现在脊索下方，为单层的扁平细胞，受精后480h发育成直管状，卵受精后552h，管状消化系统内层细胞大量增殖，此时肌纤维仍未出现。细鳞鲑初孵仔鱼即具有富含油球的大卵黄囊，消化系统呈简单的盲管状，肛门尚未与外界连通；之后仔鱼的消化系统分化加快，孵出7天后，仔鱼已初步分化出口咽腔、食管、胃、肠以及肝，孵出10天后鱼苗消化器官已基本分化完毕，肛门已向外界连通；鱼苗孵出14天后，卵黄囊吸收完毕，可基本完成从内源性营养向外源性营养的过渡；鱼苗孵出后49天，幽门盲囊分化完毕，肝和胰脏功能完善；鱼苗孵出后64天，口咽腔和胃的组织结构与成鱼基本相同，前后肠组织结构相似；鱼苗孵出后105天，幼鱼幽门盲囊指状分支已具有28～36个。通常情况下，细鳞鲑仔鱼的最佳人工开口驯化时间应该在孵出10天之后，此时，鱼苗具有较强的耐饥饿能力，可适当通过延迟开口的方式提高开口驯化成功率。

对细鳞鲑早期发育阶段免疫器官的发生研究表明，在实验水温为10.0～16.2℃时，细鳞鲑的免疫器官原基发生及其淋巴化的先后顺序均为胸腺、头肾和脾。鱼苗孵出后35天左右，胸腺已经分化出模糊的内区和外区；50日龄后，肾小管退化完毕，头肾主要由淋巴组织和大量血窦构成；16日龄后，脾开始淋巴化，35～50日龄，脾内建立起发达的微血管系统以及血窦结构。总的来看，与其他淡水硬骨鱼类相比，细鳞鲑的免疫器官分化较早，但其发育速度较慢。

在养殖过程中，细鳞鲑也容易受到多种病害的影响，常见的有细菌性烂鳃病、肠炎、烂鳍、疖疮、小瓜虫等。其中，细菌性烂鳃病对早期发育阶段的细鳞鲑影响最大，容易造成短时间内的大量死亡，在苗种培育阶段应尤为注意。小瓜虫也是影响细鳞鲑苗种培育成活率的主要病害之一，多发生于夏季水温较高时期和雨季。与虹鳟相比，细鳞鲑幼鱼对小瓜虫的抵抗力较差，对一些常用的防治小瓜虫的药物也更敏感。疥疮病主要发生于大规格苗种和成鱼，病原是革兰阴性气单胞菌属的杀鲑气单胞菌，在鱼的体侧或是尾部形成特征性的脓肿病灶，可造成较大规模的死亡，但预防和治疗较为容易。总之，由于细鳞鲑的驯化养殖时间还比较短，养殖过程中病害发生率较高，对病原和常用药物敏感性较高、耐受力较差，危害较大。病害的控制应以预防为主，采取防治结合的策略，提早预判，尽量在发病初期有效控制病情。

配合饲料的应用对于鱼类的规模化养殖起到非常重要的作用，也是养殖成本的主要来源。目前，细鳞鲑的养殖生产还没有专用饲料的应用，多采用虹鳟等鲑鳟鱼的商品饲料进行投喂。各国学者也在细鳞鲑的营养需求和饲料配制方面开展了较多的研究工作，但多集中在幼鱼阶段。研究结果显示，细鳞鲑幼鱼对蛋白质有较高的需求，一般饲料中的蛋白质含量应超过 40%，同时细鳞鲑幼鱼对脂肪也有较好的利用能力，饲料中脂肪水平可添加到 20%左右。不同脂肪源也对细鳞鲑的生长性能有明显的影响，鱼油和大豆油可作为细鳞鲑幼鱼饲料的脂肪源，而棕榈油和菜籽油不适宜作为细鳞鲑幼鱼的单一脂肪源。细鳞鲑具有将 18:3n-3 转化为 22:6n-3 的能力，n-3 系列脂肪酸是起主要作用的必需脂肪酸。有学者通过调节饲料中的猪油和浓缩油 EPA、DHA 水平，制成了含不同水平的 n-3 系高不饱和脂肪酸的 6 种等氮等能饲料，研究了细鳞鲑幼鱼对 n-3 系高不饱和脂肪酸的需求量。结果表明，不同水平的 n-3 系高不饱和脂肪酸对细鳞鲑幼鱼的增重率产生了显著的影响，但不同组别之间的成活率和饲料系数没有显著差异。应用二次曲线模型并以增重率为指标估算出细鳞鲑幼鱼对 n-3 系高不饱和脂肪酸的需求量约为 0.69%。另有研究表明，维生素 E 可显著影响细鳞鲑的增重率以及三酰甘油和总胆固醇等血清生化指标，通过折线模型得出细鳞鲑幼鱼对维生素 E 的需求量在每千克 145.87~180.98 mg。此外，一些功能性添加剂也被证明有助于提高细鳞鲑的生长性能、免疫力和抗应激能力。

在现代集约化水产养殖中，常采用高密度培育的方式进行商品鱼饲养，以提高单位水体的产量和经济效益。因此，养殖密度对鱼类生长性能、健康和福利的影响倍受渔业管理部门、科研工作者和企业的关注，但不同种类对养殖密度的适应性和耐受性存在较大的差异。研究表明，密度也是影响细鳞鲑生长和代谢的主要因素之一。较高的养殖密度显著影响细鳞鲑幼鱼的生长性能，并造成了细鳞鲑能量代谢、氨基酸代谢、胆碱代谢和脂类代谢的改变。但随着规格的增大，细鳞鲑对高养殖密度表现出较强的适应性。

目前，细鳞鲑的主要养殖模式为流水池塘养殖。研究表明，黑龙江地区达到 500g 上市规格，需要 24~28 个月。1 龄鱼生长比较缓慢，2 龄以后生长速度加快。水温是影响养殖细鳞鲑生长速度的主要因素之一，山东地区利用地下井水从 10 g 的鱼苗养到 500g 上市规格只需要 12 个月左右，显示出在适宜的生长条件下，细鳞鲑具有良好的生长性能，具有大规模推广的潜力。

综上所述，细鳞鲑具有良好生产性能，具备成为名优养殖种类的潜力和条件。同时，由于我国适宜养殖冷水鱼的地区多在较为偏远的山区，优良新品种的开发也会对促进当地渔民增收和乡村振兴起到积极作用。随着研究的进一步深入，细鳞鲑的养殖技术也会日益成熟和完善，这将有力的促进细鳞鲑养殖产业的健康可持续发展。

四、鲑鳟鱼封闭循环水养殖

随着经济的发展和居民生活水平的提高，人们对食用鱼类的选择不仅追求口味，还要追求营养和安全，鲑鳟鱼不仅符合人们的追求，而且肉质味美细嫩，是作为刺身的主要原料。国内的消费需求日益旺盛，产量远远不能满足，需进口鲑鳟鱼产品来弥补，所以要大力发展鲑鳟鱼养殖业，来满足国内的供给需求。

分析鲑鳟鱼产业发展现状，养殖方式主要采用开放式流水养殖与封闭循环式养殖。开放式流水养殖存在的主要问题是水资源消耗巨大，每天平均换水在3~5次，而且养殖水质条件、疾病不易控制，必须以牺牲水资源为代价开展鲑鳟鱼养殖。封闭循环水养殖技术与装备是集水产高密度养殖技术、装备工程技术、水处理技术与自动控制技术等现代科学技术于一体的工业化生产模式。这种养殖方式可实现养殖技术指标与水处理系统的固体物、悬浮物、溶氧、氨氮和有机物等处理指标的有机结合，应用水质监控系统对养殖过程的水质、水温和水流进行自动调节和控制，形成了比较完善的养殖工程系统设计技术，达到了封闭循环利用养殖水体进行规模化、自动化的工业生产水平，养殖密度可达50~120kg/m^3。水体循环使用可节约水资源和土地资源,保护环境;用水量只需传统养殖方式的1/300~1/100，减少自然水资源的浪费与养殖污染对环境的压力；利用封闭的循环水养殖环境增加了鲑鳟鱼的养殖周期，提高生产效率，同时，减少了鲑鳟鱼养殖病害发生及病毒的传播；其养殖水体水质、水温的控制和处理，可满足各种鲑鳟鱼类养殖的特殊要求。

目前，循环水养殖在许多国家已经形成产业化规模，单个车间年产量达到5~1000吨不等。工厂化水产养殖占总渔业产值的百分比已经从20世纪70年代的3.9%增长到27.3%。

发展鲑鳟鱼封闭循环水养殖模式，使其成为鲑鳟鱼养殖的主要生产方式，不仅可增加水产养殖的生产技术含量、扩大养殖产量中鲑鳟鱼品种的比重、提高鲑鳟鱼产品的品质，而且可有效保护水资源、恢复自然水域的渔业生态环境，减少养殖污染水体的排放，降低养殖对水域环境的污染和疾病的传播，是一种资源节约、环境友好型、高产值、质量效益型的水产养殖生产模式。

（一）封闭循环水养殖系统工艺

鲑鳟鱼封闭循环水养殖过程中要把养殖水体中鱼类代谢的排泄物、粪便、残饵等固体物、悬浮物、可溶性物质和产生的气体，从循环水体中排出或转化为无害物质，并在水体中添加必要的物质调节水体，使养殖水质满足鱼类正常生长的需要。为了保证鲑鳟鱼在封闭循环水系统中养殖的可靠性，设施和设备的设计、水处理技术的应用以及水质的控制，都要求达到较高的技术水平，使整个循环养殖系统在运转过程中能够配套运行，达到养殖封闭循环水养殖的实际要求。

循环养殖系统主要包括养殖池、固体和悬浮物分离、温控、增氧、pH 调节、氨氮去除、沉淀、可溶性气体物质的去除、消毒杀菌、水体补充箱和循环水泵等部分组成。整个系统依靠水泵的动力进行水体循环。

封闭循环系统水处理过程：养殖池排出的养殖水经过总循环水管首先进入沉淀池进行大颗粒污物的沉淀处理，再通过微滤机去除残饵、排泄物等悬浮颗粒物，然后通过回水池进入生物滤器（生物膜表面微生物通过分解代谢活动将循环水中的 NH_4^+和有机物转化为对鱼类生长几乎无害的硝酸盐）进行生物处理，去除氨氮、硝酸盐、亚硝酸盐等，经过曝气塔去除 CO_2 等有害气体，再经过紫外线消毒装置及空气增氧曝气后重新回到养殖池。空气增氧采用鼓风机通过沙滤器充气对养殖水体进行增氧，提高水中溶解氧的浓度，在试验过程中，养殖用水溶解氧浓度 7~8mg/L。当系统需要补充新水时，首先进入沉淀物处理池，进行初步沉淀，然后进入微滤机池进行细沙及固体物过滤，进入回水池，参与循环后进入整个循环养殖系统。

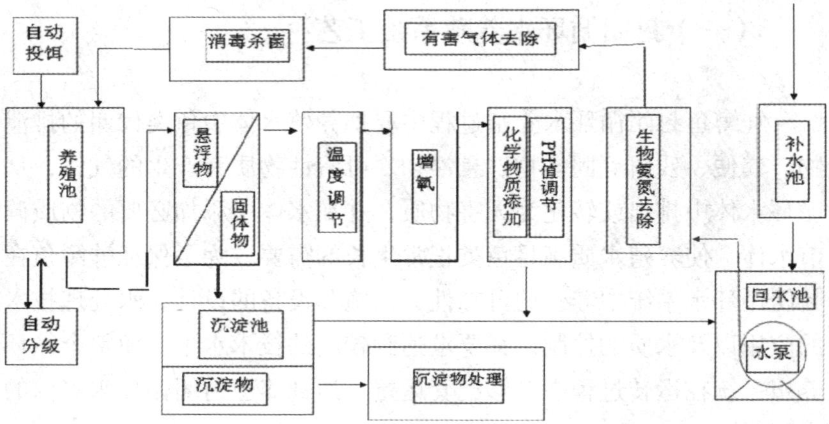

图 3-2 鲑鳟鱼封闭循环水养殖工艺流程图

（二）循环水养殖的主要类型和基本参数

1. 整体式养殖系统

由一个养殖池和循环水处理系统组成，是一些比较大的企业选择的主要生产方式。整体式养殖系统是设计一个大型养殖池，集中养殖和处理，可根据养殖规模设计养殖池的大小。其特点是集中养殖，集中处理，处理、检测和控制容易；缺点是整体结构复杂，拆卸、搬运、维修困难。

图 3-3 整体式养殖系统

2. 分列式养殖系统

是根据养殖规模，安装 1~10 立方水体的一系列养殖容器，鱼类分别在各个养殖槽养殖、养殖废弃物和水质监控进行集中处理。其特点是根据需要进行不同规模和地点的调整，可养殖不同种类和规格的鱼类，养殖生产操作和管理容易；缺点是成本较高，投入大。

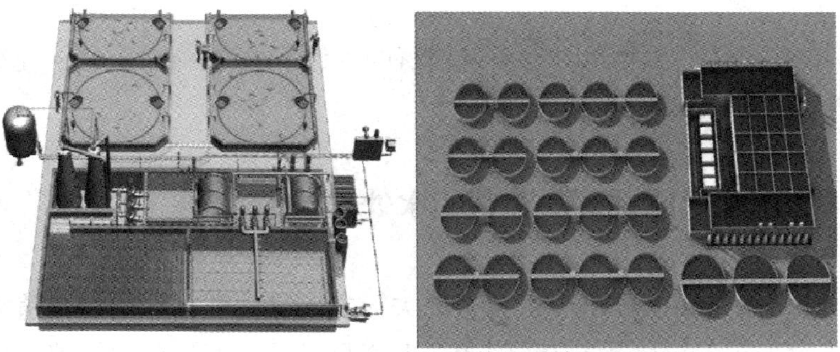

图 3-4　分列式养殖系统

（三）养殖系统的水体循环量设计

1. 系统的水体循环流量

这是养殖工艺设计的最主要参数，水体循环流量要考虑养殖对象对养殖水体的交换量的要求，养殖对象不同，对水体交换量的要求也不同。对于高耗氧的鲑鳟鱼类一般不低于每小时 2 次。其他鱼类可根据养殖对象的要求来确定。还要考虑生物处理设备对水体交换量的要求，根据生物硝化氨氮的性能，水体交换量一般不低于每次/2h。低于该值，表明生物处理不彻底，氨氮和亚硝酸盐在水中积累。

2. 养殖系统的换水率

这是指养殖过程每天需要更换养殖水体的百分数，由于过滤设备的反冲、养殖排泄物浓度控制等需要，每天需要更换 10%左右的新水。这样既减少了淡水消耗，也降低了水处理的成本。

3. 养殖容量的设计

单位水体的生物量，在空气增氧的条件下为 30~50kg/m^3，在纯氧增氧的条件下为 100kg/m^3 以上。

（四）封闭循环水养殖的水处理技术

鲑鳟鱼封闭循环水养殖技术的关键之一是处理水体中的养殖废弃物，使养殖水体能够循环使用。有资料显示，鲑鳟鱼类养殖饲料中的 13%的蛋白质、8%的脂肪、40%的碳水化合物、17%的有机质、50%的灰粉和 23%的干物质被鱼类作为代谢物排入水中，既有可溶性物质如氨氮、硝酸盐、亚硝酸盐等，也有固体物、悬浮物和可溶性气体，有些物质的积累会对养殖鱼类产生生理影响和毒性作用。

从循环养殖水体中去除或转化养殖废弃物，保持养殖水体的水质，对鲑鳟鱼的健康、快速生长是非常重要的，因此，必须设计科学合理的养殖水体处理系统。养殖水体的处理工艺主要包括增氧、分离（分离固体物、悬浮物和可溶性有害化合物）、生物过滤[降低生化需氧量（biochemical oxggen demand，DOD）、氨氮和亚硝酸盐]、暴气（去除 CO_2 等）和消毒（杀死细菌、预防寄生虫疾病）等处理过程，是涉及物理、化学、生物和微生态变化的复杂处理过程，要解决一系列应用技术问题。

1. 增氧技术

养殖水体的溶解氧是养殖鱼类赖以生存和处理设备中的微生物生长的必备条件。在封闭循环水养殖系统中，鱼类正常生长的溶解氧应该达到饱和溶解度的 60%，或者在 5mg/L 以上；溶解氧低于 2mg/L，循环养殖的水体硝化细菌处理就失去硝化氨氮的作用。一般情况下，循环水养殖系统溶解氧消耗主要来自鱼类代谢、代谢物的分解、微生物、氨氮处理等，系统所需溶解氧根据养殖鱼类的不同而变化，并随养殖密度和投饵的增加而增加。因此，在循环水养殖的工艺设计中，要根据养殖对象、养殖密度、水体循环量等因素来确定增氧方式（空气增氧、微气泡增氧、纯氧增氧）。空气增氧：多采用风机加充气器的办法，养殖密度也只能达到 30~50kg/m^3。微气泡增氧：为了提高氧气利用率，产生平均直径小于 20μm 的微气泡，提高增氧效率；也可以利用设计良好的射流装置，产生微小气泡进行增氧。纯氧增氧：常用的办法是压力过饱和法，即在高压容器中使气、水充分混合，在高压下使水体中溶氧达到饱和浓度，释放到常压下的养殖水体中，成为常压下的过饱和溶解氧水体，以分子的形式向周围水体渗透，达到增氧的目的。养殖密度可达到 100kg/m^3，常用的有增氧锥、低压过流槽、低压 U 形管等。

增氧技术的选择决定封闭循环水养殖系统中水体中的溶解氧量，直接影响鱼类的健康与状态，溶解氧适宜的环境有利于鲑鳟鱼的生长与提高抗病能力。

2. 悬浮物处理技术

循环水养殖中的悬浮物主要由于饵料的投喂而引起，一次性过流高密度养殖水体中，根据饵料投喂量的不同，悬浮物含量在 5~50mg/L。在饲料系数 0.9~1.0 的情况下，鱼体每增重 1kg 就会产生

150~200g 悬浮物。因此，循环养殖水体中悬浮物的积累速度非常快。

在正常代谢的情况下，养殖水体中鱼类的固体排泄物以悬浮物的形式存在于水体中。在流动的养殖水体中，悬浮物大部分以小于 30μm 的颗粒存在于水中。悬浮物的比重略大于水，颗粒小、流动性好、有一定的黏附性，在有水流的条件下呈悬浮状态。从养殖水体中去除 30μm 以下的悬浮物，是鲑鳟鱼循环水养殖工艺设计考虑的重点。

养殖水体中的悬浮物积累，导致水体浑浊，影响养殖鱼类鳃体的过滤和皮肤的呼吸，增加鱼类环境胁迫压力，恶化水质、消耗水中的溶解氧，在循环水养殖过程中及时清除水中的悬浮物是非常必要的。

研究表明，鲑鳟鱼类排泄的固体物与悬浮物在过流水体中的浓度为 20~50mg/L。其颗粒分布如下图所示。

（1）固定式滤床：一般由粗滤、中滤和细滤三层滤料组成。根据水流不同分为喷水式滤床和压力式滤床，是比较普遍的过滤方式。可根据需要调整滤料的粒度和过滤层厚度，过滤不同大小的悬浮颗粒，达到理想过滤效果。

（2）滤网过滤：用细筛网进行悬浮物的过滤，主要有平盘滤网过滤和转鼓滤网过滤。其中转鼓滤网过滤在过滤的同时进行反冲洗，过滤效率高、效果好，应用普遍。滤网的网目为 30~100μm，可过滤 36%~67%的悬浮物，网目越小过滤越彻底，但网目小于 60μm 就会影响过水性能。

（3）浮式滤床：应用比重小于水的塑料球作为过滤介质，在过滤过程中悬浮于水中形成过滤层，可有效过滤悬浮物。塑料浮球具有表面积大、吸附性强、过水阻力小的特点，形成过滤层浮球直径为 3 mm 左右的滤床，可过滤 100%的 30μm 以上、79%的 30μm 以下的悬浮物颗粒，获得很好的过滤效果。

（4）自然沉淀处理：应用鱼池特殊结构或沉淀池，使悬浮物沉淀、集聚并不断排出。设计良好的沉淀池可去除 59%~90%的悬浮物，关键是确定悬浮物的沉降流速。有资料表明，应用自然沉淀处理，过流速度应小于 4 m/min，适宜流速为 1 m/min；单位面积的流量为 1.0~2.7 m^3/（m^2·h）。

（5）气泡浮选处理：原理是通过气泡发生器持续不断地在水中释放气泡，使气泡形成像筛网一样的过滤屏幕，并利用气泡的表面张力吸附水中的悬浮物。产生微小气泡（直径为 10~100μm），使气泡均匀持续地与水体有效混合，可有效去除水产养殖水体中的悬浮物。

3. 循环水养殖中的氨氮及其处理技术

养殖水体中的氨氮主要是由养殖鱼类的代谢、残饵和有机物的分解而引起。一次性过流高密度养殖排水中的氨氮浓度一般为 1.4 mg/L 左右。投喂的饲料中，大约有 40%饲料蛋白的氮被鲑鳟鱼类转化成氨氮（NH_3^+、NH_4^+），在饵料系数为 1.0 的情况下，鲑鳟鱼每增长 1kg 就会产生 33g N。如不进行处理，氨氮在循环水中的积累呈快速上升趋势。

养殖鱼类排泄的氨氮中，大约只有不到 32%的总氮包含在悬浮物中，大部分溶解于养殖水体中，分别以离子铵 NH_4^+和非离子氨 NH_3 的形式存在，并随着 pH、温度的变化而相互转化。利用各种物理、化学和生物的氨氮处理先进技术和有效方法，是循环水养殖工艺设计的重要环节。

氨氮在水体中的积累会对鱼类产生毒性作用，其中非离子氨对鱼类毒性作用很大。养殖水体的氨氮总量一般不应超过 1mg/L，非离子氨不应超过 0.05mg/L。由于离子铵 NH_4^+和非离子氨 NH_3 在不同 pH 和温度条件下相互转换，因此在控制养殖水体氨氮积累的同时，应注意根据温度的变化调节 pH，从而使非离子氨保持在较低水平。

（1）离子交换吸附：离子交换吸附是应用氟石或交换树脂对水

体中的氨氮进行交换和吸附。氟石的吸附能力约为 1mg/g，设计合理可吸附 95%的氨氮，在达到吸附容量后，可用 10%的盐水喷淋 24h 进行再生，重复使用。

（2）空气吹脱：原理是应用气液相平衡和介质传递亨利定律，在大量充气的条件下，减少可溶性气体的分压，溶解于水中的氨 NH_3 穿过界面，向空中转移，达到去除氨氮的目的。

处理效率直接受 pH 的影响，在高 pH 的条件下，氨氮大部分以非离子氨的形式存在，形成溶于水的氨气：$HH_4^+ + OH^- = NH_4OH \rightarrow H_2O + NH_3\uparrow$。在 pH=11.5 时，水气体积比为 1：$10^7$ 的条件下，空气吹脱可去除 95%的氨氮。

（3）生物处理：利用硝化细菌、亚硝化细菌和反硝化细菌对水中的氨氮进行转化和去除。亚硝化细菌把氨氮转化为亚硝酸盐（NO_2^{1-}）、硝化细菌把亚硝酸盐转化为硝酸盐（NO_3^{2-}）。如进行彻底脱氮处理，可利用反硝化细菌处理。由于反硝化过程是在厌氧条件下进行（溶解氧低于 1mg/L），应用于水产养殖有一定的困难。研究表明，硝酸盐对鱼类的影响很小，一些养殖鱼类可抵抗大于 500 mg/L 浓度的硝酸盐。因此，水产养殖水体的处理，很少应用反硝化过程。

图 3-5　移动生物处理

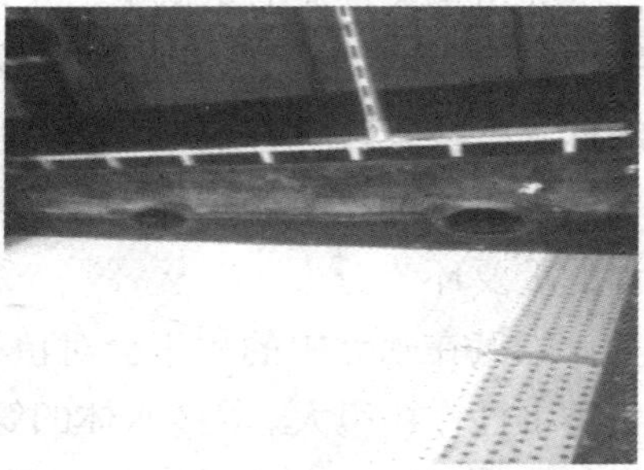

图 3-6　固定生物处理

（4）臭氧氧化处理：臭氧用于消毒和去除悬浮物在水产养殖上获得广泛应用，其也有一定的氨氮氧化效果。研究表明，臭氧的直接氧化可去除水体中氨氮的 25.8%，在加入催化剂的条件下，可大幅度提高其氧化效率。

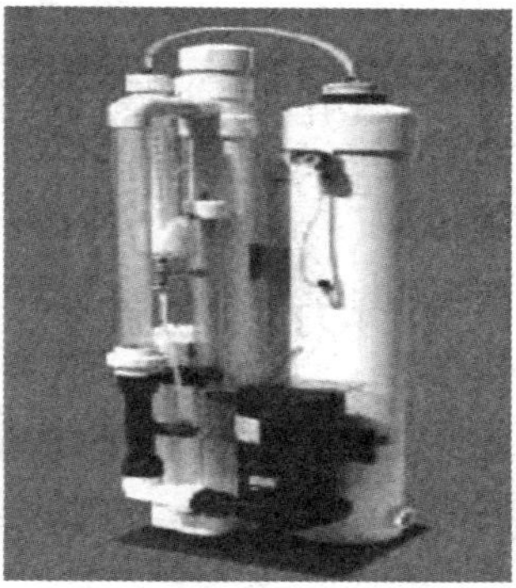

图 3-7 臭氧、水反应装置

（5）电渗析处理：电渗析处理的原理是水体在电场的两极流动时，水中的带电离子在直流电场的作用下定向移动，阴离子透过阴膜进入阴离子集水槽，阳离子通过阳膜进入阳离子集水槽，从而可把水体中的离子氨去除。由于氨氮在 pH 为 7 的中性条件下，非离子氨仅为氨氮总量的 0.55%，离子氨是 99%以上，所以电渗析处理可获得好的效果。

（五）有害气体处理

工厂化养殖水体中的有害气体主要是鱼类代谢呼吸产生的 CO_2 气体，以微气泡的形式存在于水中。水中的 CO_2 对鱼类健康非常有害，CO_2 气体含量超过 20mg/L 时，养殖鱼类就会产生气体压力反应，表现为向水面或增氧设备集中，摄饲明显减少。在一定条件下，CO_2 气体可与水结合进行可逆反应形成碳酸。碳酸是弱酸，也会降低养殖水体的 pH，从而影响水质。碳酸极不稳定，在空气中很容易分解为水与 CO_2。因此，采取措施使养殖水体充分与空气接触，就可及时去除养殖水体中的 CO_2 气体。

以下是几种气体处理方法。

1. **机械设备去除**

利用增氧机或暴气设备，在养殖水体中形成上下交换的水流，使水体充分与大气接触，达到分解碳酸，去除 CO_2 的目的。

2. **水力设计去除**

在设计过程中，回水管和回水槽间留有一定高度的落差，使水流在回水过程中充分暴露在大气中，分解碳酸，去除 CO_2。

3. **充气去除**

在水流通过的水道上设置微气泡释放装置，利用气泡相互积累的特性，使散布于水中的 CO_2 与释放的气泡结合，由气泡把 CO_2 带上水面，达到去除目的。

4. **滴滤去除**

养殖水体均匀附着在滴滤池的网状管上，或网状介质上，向下流动的同时充分与空气接触，利用吸风机吸出底部分离的 CO_2，带动空气自上而下流动，使有害气体气、液分离，达到去除 CO_2 的目的。

图 3-8　CO_2 滴滤去除装置

（六）消毒杀菌

工厂化循环水产养殖由于养殖密度高、饵料负载量大，鱼类的代谢在水体中富集了大量营养物资，为细菌的繁殖和生长提供了很好的环境条件，如不及时杀菌消毒，很容易发生疾病，而且在高密度养殖条件下，疾病很快就会蔓延，对养殖生产造成灾难性的后果。因此，在系统中设置有效的灭菌消毒设备是十分必要的。消毒杀菌主要有臭氧杀菌消毒和紫外线杀菌消毒。

（七）水质的检测与控制

应用 PLC 在线检测与控制系统，检测与控制溶解氧、水温、pH、氨氮、硝酸盐及亚硝酸盐等水质指标，溶解氧应大于 5mg/L，pH 在 7~8 的范围内，使养殖水体符合鱼类生长的最佳环境，并适时进行调整。封闭循环水养殖过程中 pH 的检测与调节一定要及时，由于循环水养殖系统一般采用生物处理的方法来处理氨氮，在生物处理过程中，生化反应会消耗大量碱性物质、产生酸性物质，从而使养殖水体迅速酸化，因此，要及时检测与调节 pH，使水体达到养殖所需最佳状态。

（八）封闭循环水养殖技术

鲑鳟鱼循环水养殖模式中的养殖技术主要包括养殖水质的确定、养殖品种与规格、养殖密度、饲料投喂的定量方法、水质管理和鱼病预防等，是一种综合养殖技术和过程管理工作。

1. 养殖密度

养殖系统根据所设计的各个部分设施、设备进行配套调整，充分利用，使养殖密度达到其最大的生产能力。养殖密度和生产规模是最主要的设计参数，因此要根据实际情况充分调研、查阅同类养殖品种的资料，确定合理的养殖密度。养殖密度的调整与系统水体循环量、增氧效率、饲料种类、投饵量、悬浮物处理能力、氨氮处理效率、养殖鱼类的种类等因素相关。

2. 饲料投喂

在封闭循环水养殖环境条件下，鱼类可以达到最佳的生长状态，饲料投喂应根据鱼类不同阶段的最佳生长速度投饵，以达到最快生长速度。根据鱼类养殖过程中水温和体重的情况，确定生长需求投饵量。对于鲑鳟鱼，不同水温条件要适当调整投喂量，温度每升高1℃，投饵量增加5%~6%；每降低1℃，减少5%~6%；温度超过16℃，每升高1℃，又要降低5%~6%。

3. 疾病的预防

循环水养殖中疾病预防是非常重要的，要确保没有疾病发生，避免全军覆没的损失。主要采取以下措施：

（1）选择健康没有疾病历史的鱼放入养殖池。

（2）在入池之前要进行消毒处理。

（3）在处理系统设置消毒杀菌设备，主要包括臭氧消毒、紫外线消毒设备。水体和残饵中的霉菌、酵母菌、细菌和病毒是引起鱼类疾病的主要根源，对循环水体进行消毒杀菌是预防疾病的主要手段。

（4）在养殖过程中注意环境变化对鱼类的胁迫压力。包括各种水质的干扰波动、水温的变化、强声、光刺激等环境会造成胁迫压力，使鱼类的抗疾病能力降低。

（5）投饵的科学性。避免鱼类过食现象，增加鱼类负担，容易生病；也会增加系统水处理的难度。

（6）使用的专用工具要经常消毒。

（7）进入封闭循环养殖车间的工作人员，要穿戴经过消毒后的专用工作服，严禁非工作人员进入。

4. 系统管理

在养殖过程中，整个系统的管理是一项复杂的工作，要经常检查系统各个部分的设备、设施和控制的正常运转，要注意养殖鱼类在养殖过程中的变化，要正确设定各项水质控制的指标，监测系统水质的变化情况。

5. 水质控制

（1）温度控制：在增加或降低温度时，要集中升降温度，严禁在养殖容器内临时设置升降温度设备。

（2）溶解氧控制：在使用臭氧消毒设备的系统中，要避免臭氧溶解对溶解氧控制的影响。

（3）CO_2 控制：为避免 CO_2 在养殖水体的积累，循环过程要及时清除水体中的 CO_2，并适时检测其含量，调整处理设备。

（4）pH 控制：养殖水体的 pH 受到各种因素的影响，在循环水养殖中 CO_2 的含量和生物处理氨氮产生的酸性物质是主要因素，在充分曝气的条件下，按投食率的 17%~20%均匀添加 $NaHCO_3$、NaOH、$Ca(OH)_2$ 的办法调节。

（5）非离子氨控制：在设计良好的设施处理系统中，在氨氮≤1mg/L 的条件下，非离子氨一般不会超过标准。一旦出现超标情况，可以采取增加 pH 和增加换水量的办法解决。

（6）亚硝酸盐控制：亚硝酸盐是氨氮向硝酸盐转化的中间产物，亚硝酸盐超标主要是由于生物处理过程中的硝化细菌繁殖条件受到限制、群体减少所至。要检查生物处理过程的过流情况，有没有结块、局部堵塞，检查温度、pH 和溶解氧是否在所要求的范围内，及时处理出现的各种不正常情况。

（7）硝酸盐控制：通过每天更换养殖系统的 10%~30%养殖水体，确保硝酸盐在养殖鱼类可承受范围内。

（九）养殖尾排水处理

随着鲑鳟鱼养殖的发展，养殖技术的提高，鱼类的养殖密度、投料量也不断增加，使尾排水各种水质指标不断恶化，超过环保要求排放标准。按照国家环保要求进行尾水排放，就要对养殖尾排水进行集中处理。现阶段主要有几种处理方法：利用过滤装置进行固体悬浮物去除、固体物进入集污池集中处理、过滤后水体在曝气生物池中曝气增氧、去除有害气体及氨氮，降低水中 COD、BOD 含量、进入沉淀池进行微小颗粒沉淀、然后进入生态净化池，利用水生植物及微生物进行氨氮、硝酸盐、亚硝酸盐等有机物的降解与去除。

1. 固体物过滤

养殖尾排水利用过滤装置进行固体悬浮物去除、固体物进入集污池集中。可利用固液分离设备进行液固体分离，液体进入沉淀池，固体利用烘干设备烘干作肥料。也可以直接利用沉淀池沉淀，定期清除沉淀物。

2. 有机物降解

经过滤、沉淀后的尾排水体在曝气生物池中曝气、增氧，去除有害气体及氨氮，氧化有机物，降低水中 COD、BOD、氨氮等。

3. 生态处理

经过滤、沉淀、曝气的尾排水进入生态池，沉水植物利用养殖鱼类代谢的氮、磷物质，为自身的生长繁殖提供必需的养分，并利用光合作用吸收 CO_2，产生 O_2，增加养殖水体中的溶解氧，为水体中有机污染物的氧化分解提供 O_2。利用底泥种植水生植物，水草、在水面设置生物浮床或经济蔬菜。池底质及植物吸附养殖水体中过滤后的细小的残饵、粪便等固体悬浮物，水生植物吸收氮、磷、硝酸盐等在机物，生态处理后进入自然水体。

（十）应用前景与发展趋势

封闭循环水养殖殖技术模式自动化程度高，生产过程中的饲料投喂、水质监测与控制、大小分级、死鱼分拣、水处理及循环等工作，全部由自动控制设施完成。在循环养殖条件下，鲑鳟鱼养殖环境可根据设定的最佳生长要求进行水质控制，其养殖技术、水处理技术、自动控制技术达到配套整合，有较高的综合技术要求。鲑鳟鱼品质好、市场潜力大，发展鲑鳟鱼的封闭循环水养殖技术模式及其装备，促进工厂化循环水养殖技术的发展，提高养殖装备的应用水平，是节约冷水资源、拓展养殖区域，也是发展鲑鳟鱼养殖生产方式的重要途径。

鲑鳟鱼封闭循环水养殖技术模式，减少养殖污染水体的排放，降低养殖对水域环境的污染和疾病的传播，是一种资源节约、环境友好型养殖生产模式，是渔业产业化可持续发展的必然要求，是未来水产养殖发展的必然趋势。在鲑鳟鱼主产区建立集成示范点，辐射推广封闭循环水养殖技术，推动养殖生产方式的转变，对促进渔业产业结构调整和技术进步具有重要作用。

第四章　鲑鳟鱼优良品种选育的秘密

“一粒种子可以改变一个世界，一个品种可以造福一个民族”，一个品种的好与坏、真与伪，直接影响到行业建设的质量，同时对人民生活水平的提高至关重要。相比于陆生动物，鱼类的驯养与选择育种的历史较短，第一个有文献报道的鱼类选择育种技术实验是在美洲红点鲑中进行的）。我国的鱼类选育最早可以追溯到晋朝（公元 266~420 年）对金鱼的祖先——鲫鱼的金色和红色突变体的选育，经过历代金鱼爱好者对其不断的探索，现如今已经形成体色、体型、鳞片、鳃盖等多样的表型变异，据统计现有的金鱼品种多达三百余个。除了观赏性鱼类的选育，更多与生产密切相关的经济性状备受关注，包括性别、抗病、生长速率、存活率、肉质口感、肌间刺、低氧耐受及饲料高效利用等。良种培育为世界水产养殖业的快速发展做出了巨大贡献，据统计优质原良种能够将产量提升至原来的 120%~130%（洪威，2017）。优良品种可在不破坏生态环境，不影响其他产业发展的情况下提高养殖的产量，质量及经济效益。对我国这样一个水产养殖大国来说，平均每年对世界养殖水产品总产量贡献了 2/3 的产量，这一成绩的取得与我国对水产遗传育种领域研究及水产种业建设的高度重视密不可分。截至 2020 年，通过全国水产原种和良种审定委员会审（认）定的水产新品种已达 229 个，其中 2016~2020 年审定的新品种有 73 个。“十三五”期间，我国水产养殖遗传改良率超过 53%，为我国水产养殖业的可持续发展提供了强有力的保障。

传统的鲑鳟鱼产地和消费市场为日本、欧洲、美国、加拿大和俄罗斯。近半世纪以来，受消费观念的转变和全球化经济的不断发展，出现了新的鲑鳟鱼消费市场，诸如东南亚和东欧。其中，东南亚以中国、新加坡和韩国为主。时至今日，中国已是世界上最大的鲑鳟鱼消费国之一，每年在受精卵市场的需求是 0.8 亿 ~ 1 亿粒，这其中包括每年从国外引进的 2000 万 ~ 3500 万粒虹鳟受精卵（2008 ~ 2016），耗费了不少外汇。据不完全统计，2015 ~ 2017 年这三年间，我国鲑鳟进口总量超过 62 万吨，其中各类鲜鱼总量为 12 万吨，冷冻总量超过 51 万吨（2019 年中国水产品流通与加工协会）。同时，国内 2018 年养殖生产鲑鳟鱼 4.1 万吨，其中虹鳟约占 2.8 万吨（大规格 1.5 万吨）。这些产业现象的背后有众多复杂的因素，但在优良种质选育关键技术水平上的薄弱是其中的主要原因之一。能够预见，从技术环节突破选育，为大型养殖企业、中小规模渔场以及养殖专业，提供实用的育种材料和技术支持，中国鲑鳟鱼产业的发展可以从品种改良这一环节得到根本上的提升。

由于鲑鳟鱼繁殖和生长在低温的水域，其性腺成熟的时间偏长，通常培育新品种需要十几年的时间。其育种的原理和技术其实不难掌握，难的是长期如一日坚持不懈地育种实践。接下来，让我们就以虹鳟为例，具体探究一下鲑鳟鱼类优良品种选育的“秘密”。

一、鲑鳟鱼概况

鲑科鱼类是经济价值较高的特色鱼类，水产行业内通常以鲑鳟鱼作为商品名，通称鲑科鱼类。鲑鳟鱼符合我国“十三五”渔业规划中“生态优先、绿色发展”的理念，是在渔业“转方式、调结构”中重点提及的养殖对象。据 FAO 统计资料，2018 年全球鲑鳟鱼养殖年产量约为 317 万吨（鲑鱼 236 万吨，鳟鱼 81 万吨），仅排在鲤科鱼和罗非鱼之后，是世界第三大主要养殖鱼类。以大西洋鲑（*Salmo salar*）（图 4-1）和虹鳟（*Oncorhynchus mykiss*）（图 4-2）为代表的鲑鳟鱼是水产养殖业中集约化程度最高、采用先进科学技术最多的产业之一。

图 4-1 大西洋鲑 *Salmo salar*

图 4-2 虹鳟 *Onchorynchus mykiss*

我国于 1959 年接受由朝鲜赠送的虹鳟发眼卵，开启了鲑鳟鱼养殖的科研与生产工作。自此之后约 40 年，我国鲑鳟鱼养殖区域主要以天然及水库底排冷水和大中型水库网箱等淡水虹鳟养殖为主。直至 21 世纪以来，随着我国人民群众消费能力和饮食习惯的改变，开始对冷水性鱼类有了更高的消费热情，加之改革开放交流的便利，学术界和产业界都开始引进、研发更先进、更环保的养殖模式，并开始了养殖对象多元化的探索。尽管国内拥有 2000 多家养殖场，但是具备良种选育技术、仪器设备及基础设施的鲑鳟鱼良种场或育种中心凤毛麟角，同时资本投入也没有得到很好的保障，因此我国自主选育出新的优良品种截至 2019 年仅有 1 个。因此，国内养殖产量远不能满足市场需求，大部分仍需依靠进口，鲑鳟鱼类产业发展前景十分可观。

从养殖种类讲，引进种包括虹鳟（硬头鳟、金鳟）、银鲑、白点鲑、大西洋鲑、美洲红点鲑、褐鳟及高白鲑等品种；土著品种包括哲罗鲑、细鳞鲑、花糕红点鲑、黑龙江茴鱼、鸭绿江茴鱼、乌苏里白鲑等。养殖品种结构相对丰富，但是每个品种产业发展的专业化程度较低，没有经过系统选育培育出适宜的良种，在产业的快速发展中逐渐暴露出一些问题，如半产品形式单一、产品品质不高、设施装备、养殖模式水平低以及冷水资源利用效率低下等，已严重影响了我国鲑鳟鱼的可持续发展。生产能力和市场价格上的差异，有历史上的、生产方式、技术及装备等多方面的原因，但最主要的是缺乏健康养殖意识，没有建立优良品种选育体系，作坊式经营，良种更换率低，品种退化，品质下降。

二、虹鳟选育流程

虹鳟（*Oncorhynchus mykiss*）属鲑形目（Salmoniformes）、鲑科（Salmonidae）、鲑亚科（Salmoninae）、大麻哈鱼属（*Oncorhynchus*），肉质鲜嫩、味美、无小骨刺，蛋白质和脂肪含量较高，胆固醇含量几乎为零，适用于蒸、煮、红烧、生鱼片、鱼子酱等多种食法。该鱼原产于北美洲，作为我国冷水性鱼类最主要的养殖品种，主养区域分布在“三北”和西南地区，水源多为冷泉、山涧溪流、河水或水库（徐革锋等，2017；王丰等，2018）。我国先后从不同国家引进数个虹鳟品系，经过几十年的繁育，均已产生不同程度的混杂，劣质苗种导致商品鱼体型较小、抗病能力差、肉质差等生产性能严重退化，成为制约我国虹鳟养殖业健康发展的一个重要因素（张峰等，2015）。因此，我们必须集中人力、物力和财力，在广泛收集地理品系的基础上，应用育种新技术选育适合我国养殖环境的虹鳟良种，以不断满足我国鲑鳟鱼产业化的需求。

遗传改良与种质创新是虹鳟产业可持续发展的基础和必要条件。美国学者道纳尔逊在20世纪30年代首先对虹鳟鱼进行数代的群体选育，成功地选育出优质虹鳟道氏品系，至20世纪90年代芬兰人利用家系选育技术育成JALO虹鳟家系，每代生长速度均提高10%，鱼肉品质也优于现有品种。在国内，中国水产科学院黑龙江水产研究所王炳谦研究员带领的鲑鳟育种团队通过几十年的探索与积累，摸索并建立了以虹鳟为首的鲑鳟鱼育种方案，有望打破欧美渔业发达国家的技术垄断，预期能够解决我国鲑鳟鱼产业大部分依赖进口的现状，而育种成果取得初步成功的背后不仅需要扎实的数量遗传学基础，更重要的是实践。

1. 关于遗传多样性

种质基础是虹鳟育种的龙头，抓住种质就抓住了命脉，就抓住了明天。经过几十年引种与养殖经验的积累，黑龙江水产研究所以1984~1995年引进和培育的美国道氏虹鳟、美国加州虹鳟、丹麦虹鳟、挪威虹鳟以及渤海虹鳟等五个血缘关系较远的地理种群为基础群体，挑选性状优良的个体作为父母本，采用Griffing完全双列杂交的交配设计进行正反交构建选育家系。对五个地理种群进行了遗传多样性分析，构建了核心选育群体，继而开始了继代选育工作。

2. 关于技术路线和育种方向

根据中国市场虹鳟制品的市场规模和消费特点，虹鳟选育应以生长速度快、成活率高为育种目标。运用家系选育技术，通过电子标记、近交控制及最佳线性无偏差预测（Best Linear Unbiased Prediction，BLUP）育种值估计相结合的手段，实施选育过程。

首先，每代建立 100 个选育家系和 20 个对照家系，分别针对建立家系获得的 200℃ · d（度日）发眼卵、2g 鱼苗、20g 鱼苗时期进行标准化操作，即强化培育。其次，待鱼苗体重达到 50g 左右时，在每个家系随机选取 50 尾进行 PIT 标记（采用专用射频阅读器识别，手持阅读器检测可以实现远程数据采集和传输的电子标记），以区分不同家系、不同个体，可以精确计算个体育种值及相关遗传参数。针对标记好的鱼体每年进行 3 次生长数据采集。当个体达到 3 龄时，建立系谱档案数据库，主要包括个体编号、父本编号、母本编号、日龄、性状测定值、性状测定日期等信息。最后，通过 BLUP 法运用软件设计适宜的动物模型，以体重为主要指标对各个家系中的个体育种值进行估算。将雌、雄鱼按育种值从高到低排序，选取育种值排名靠前并且亲缘关系较远（近交系数较小）的雌、雄鱼各 100 尾，综合考虑后选育群体的遗传参数、育种值估计和近交系数低于 3%条件下，设计下一代选育系的亲本配对方案，同时选取接近平均育种值（约为 0）且亲缘关系较远的雌、雄鱼各 20 尾，作为下一代对照系的亲本。按得到的亲本配组方案建立下一代的家系，进行下一代选育。

BLUP 不单可以区分出固定因子（例如，虹鳟的生长速度受水温、溶氧等因子影响）对性状表型的影响，还可以评估随机因子对性状表型的遗传效应（例如，虹鳟本身遗传潜力对怀卵量的影响）。由于可以大大降低环境因素对遗传评估的干扰，尤其随着 20 世纪 80 年代后计算技术的高速发展（BLUP 需要高强度的运算作为保障），使用 BLUP 评估动物的遗传潜力已经成为世界各国共同采用的规范方法。

自 2005 年起，黑龙江水产研究所鲑鳟育种团队为适应产业需求，开展具有自主知识产权的虹鳟新品种培育工作，历经 15 年，已完成了第五个世代的虹鳟选育工作。值得一提的是，该团队建立并维持了国内目前唯一的基于 BLUP 技术的虹鳟育种核心群体，经过十余年的悉心培育获得了虹鳟养殖新品种，填补了国内鲑鳟鱼良种产业的空白。

3. 关于生长性能对比实验与示范推广

为检测选育效果，在获得第四代选育群体后，鲑鳟育种团队在国内主养区开展了虹鳟新品种和对照组的生产性能对比实验，对照组为选取平均育种值的雌、雄个体繁殖的后代。养殖方式以池塘直流水为主，测试时间从发眼卵开始至商品鱼规格。试验结果表明，虹鳟新品种的生长速度较对照组平均提高 21.89%，成活率也比对照组提高了 8.57%，体重变异系数降低了 21.28%，规格均匀性好，可以在很大程度上替代进口种质。通过育种中心及良种场人工扩繁，良种覆盖率可以达到 70%，满足苗种市场需求 7000 万粒（尾），产值可达 700 万元人民币，按照 80%的育成率计算，将会生产鲜活虹鳟商品鱼约 6 万吨，按照出产价格每千克 30 元计算，产值近 18 亿元。稳定性方面主要体现在，经过历年试验虹鳟新品种始终保持其优良特性，并且在适宜的养殖条件下其优良特性更加显著体现。经过多年实践，虹鳟优良品种已推广至黑龙江、吉林、辽宁、北京、甘肃、新疆、广西、云南、湖北、湖南等省、市、自治区的大、中、小型企业和养殖单位，基本涵盖了国内虹鳟养殖业主要分布地区，已累计推广苗种（含发眼卵）5000 万尾（粒）。该优良品系使养殖业主养殖产量和收益增加，经济效益可观。此外，其良好的抗逆性和饲料转化率体现出资源节约型的特征，同时还减少药物的使用，实现质量安全和环境友好的鲑鳟鱼产业发展需求，经济、生态和社会效益显著提高，为摆脱我国鲑鳟鱼良种匮乏的选育技术落后的局面做出了积极贡献，同时也提高了我国虹鳟良种覆盖率，增强国际竞争优势。

三、鲑鳟鱼类选育存在的问题及意见建议

在种质资源与品种改良方面，鲑鳟产业主要面临的问题包括以下几个方面：国家层面对种质资源缺乏有效引种，管理不规范，缺乏长期的鲑鳟良种选育规划；鲑鳟种质资源仍受国外控制，品质不佳，如成活率过低、生长性状差、不适应中国养殖环境等；缺乏具有自主知识产权的鲑鳟良种，鲑鳟产业面临优良品种匮乏、优质土著鱼类开发滞后等发展瓶颈问题。

鲑鳟鱼类选育、苗种培育和商品鱼养殖技术目前已成型，但尚未实现大规模推广，相关技术的大力推广需满足以下几点。

（1）提高良种覆盖率，增强良种生产意识，采取“引种”和“育种”相结合的方法，充分利用引进和国内现有选育品种，在熟化制种技术，将选育品种培育成全雌二倍体或全雌三倍体，提高生产性能。

（2）加强苗种生产部门的设备和设施建设，在主养区组建繁育改良技术团队，储备技术力量，提升竞争意识，不断缩短与国际主流品种的育种技术差距。

（3）建立育种材料的谱系档案系统，系统性、长期性和科学性的开展育种工作，紧密结合产业需求开展特点突出的生长、抗病（IHNV 或 IPNV 等病毒）、抗逆等不同类型的专门化品系，显著提高虹鳟商品鱼的生产效率。

（4）出台发展鲑鳟鱼种业的相关政策，制定种业规划，进一步加大监管力度，提高国内相关机构和企业生产和销售虹鳟苗种的准入标准；建立工业化育苗—育种—扩繁一体化的发展模式，大力发展生物育种技术及转基因技术的基础上，加大对新型技术的应用，让育种变得更加精准和高效。

（5）建立区域性可控性强的专业化、工厂化苗种生产中心和产业平台，着力推进具有地方特色的优质鲑鳟的品牌建设，进而提升

优良产品的市场占有率。

鲑鳟良种选育工作包括多个环节，需要相关科研与养殖单位的协同努力，加大对各个环节的研究投入，选育优良品种，实现健康养殖，促进苗种培育技术全面开展。让我们共同期待我国鲑鳟产业的长期稳定发展。

第五章　鲑鳟鱼的营养需求与饲养管理

鲑鳟鱼类在世界渔业生产中占有重要的地位，是世界上仅次于鲤科鱼类、罗非鱼的第三大养殖类群，也是国际高端水产贸易品种和欧美发达国家主要的消费种类。代表种类为大西洋鲑和虹鳟。据2020年FAO报告显示，世界范围内大西洋鲑养殖总量达24359000吨，虹鳟养殖量为8481000吨。

鲑鳟鱼类生活在清净无污染的冷水水域中，适宜水温一般低于20℃，属典型的冷水性鱼类。因对生活水质的特殊要求，鲑鳟鱼类具有绿色健康的产品品质，同时鲑鳟鱼类肉质鲜美、无肌间刺、富含高品质蛋白质和高不饱和脂肪酸，深受世界各国消费者的青睐。

我国冷水资源丰富，水域辽阔，面积占内陆总水域面积的1/3~1/2，具备鲑鳟鱼养殖的基本条件。自20世纪50年代末引进虹鳟以来，鲑鳟鱼养殖产业在我国发展迅速，年产量已超过4万吨，养殖种类包括虹鳟、大西洋鲑等引进种类以及哲罗鲑、细鳞鲑等土著种类，为渔民增收和乡村振兴做出了重要贡献。

一、鲑鳟鱼的营养需求特点

与畜禽类生产相似，营养学原理和技术的应用在水产养殖产业中扮演了极为重要的角色，可以在很大程度上影响养殖鱼类的生长、健康、产品品质和养殖废物排放。饲料成本是商品鱼生产的主要成本来源，约占总养殖成本的60%以上，因此对水产养殖的经济回报率有较大的影响。开发营养全面、经济高效的商品饲料对成功的商品鱼生产意义重大，这就需要对养殖种类的消化生理特征、营养需求、饲料原料利用特点有全面深入的了解。与陆生动物不同的是，鱼类等水产养殖动物生活在水中，并且不同种类对生存环境的要求存在巨大差异。例如，有些种类生存在温热带水域中，有些种类在冷水水域中生活，有些种类终生在淡水中生活，有些种类是海淡水洄游种类，有些种类则终生在海水中生活，生存环境的巨大差异也导致了水产养殖动物营养需求和饲料利用能力的丰富多样性。

蛋白质和氨基酸是鱼类的关键营养素，是构成各种类型细胞结构的必要成分，并在代谢方面发挥重要作用。在鱼类的生长过程中，蛋白质的合成超过其分解，并沉积在机体中，因此蛋白质沉积是鱼类体重增加的主要决定性因素之一。氨基酸是蛋白质的构件分子，是含有碱性氨基和酸性羧基的有机化合物。在蛋白质的合成过程中，主要有 20 种氨基酸在细胞中起作用。此外，氨基酸在代谢中也有着广泛的作用。鱼类并不能合成所有的氨基酸，有些种类的氨基酸必须通过食物获取以满足机体需求，这些鱼类自身不能合成或合成量不能满足机体需求的氨基酸称为必需氨基酸（essential amino acid，EAAs）。相反，鱼类可以通过前体自身合成非必需氨基酸（non-essential amino aeid，NEAAs）。科学研究表明，鱼类有 10 种必需氨基酸，包括精氨酸、组氨酸、异亮氨酸、亮氨酸、赖氨酸、蛋氨酸、苯丙氨酸、苏氨酸、色氨酸和缬氨酸。酪氨酸可由苯丙氨酸合成，半胱氨酸可由蛋氨酸合成，因此，这两种氨基酸也被称为半必需氨基酸或条件性必需氨基酸。此外，越来越多的证据表明，一些氨基酸或相关的化合物如牛磺酸，可能仅对某些种类来说是条件性必需氨基酸。大多数非必需氨基酸通过一些简单的通路就可以合成。如丙氨酸、天冬氨酸、天冬酰胺、谷氨酸、谷氨酰胺仅需 1~2 步氨基化反应就可以从它们的有机前体物质合成，半胱氨酸和甘氨酸则是来自于丝氨酸。

鲑鳟鱼类多为肉食性鱼类，对蛋白质有较高的需求，鲑鳟鱼类商品饲料的蛋白含量一般超过 40%，且与生长阶段紧密相关。一般而言，随着体重的增加，鲑鳟鱼类的蛋白质需求量明显下降。表 5-1 列出了主要鲑鳟鱼类的蛋白质需求量。鲑鳟鱼类对氨基酸的需求量也因种类的不同而存在一定的差异。如大西洋鲑幼鱼精氨酸的需求量为饲料重的 1.6%~2.2%，而虹鳟幼鱼精氨酸的需求量为饲料重的 1.4%~1.8%；大西洋鲑幼鱼赖氨酸的需求量为饲料重的 2.0%~2.2%，而虹鳟幼鱼赖氨酸的需求量为饲料重的 1.4%~2.5%；大西洋鲑幼鱼蛋氨酸的需求量为饲料重的 0.7%，而虹鳟幼鱼蛋氨酸的需求量为饲料重的 0.4%~0.9%。

表 5-1　主要鲑鳟鱼类对蛋白质的需求量（NRC, 2001）

种类	体重范围				
	< 20g	20~200g	200~600g	600~1500g	>1500g
大西洋鲑	48	44	40	38	34
虹鳟	48	40	38	38	36
太平洋鲑	55	45	40	38	38

注：引自 NRC，2011。

脂肪是水产动物维持其生命活动必需的营养物质。饲料脂肪是水产动物重要的能量和必需脂肪酸的来源，也是脂溶性维生素的媒介体。确定鱼类的实际脂肪需要量是一项比较困难的工作，因为许多其他营养素都可能影响脂肪的需要量。作为一种大量营养素，脂类是主要的能量来源，但由于蛋白质和糖类也可以为鱼类提供能量，因此脂肪需要量也要受到饲料中蛋白质和糖类含量的影响。现有的研究表明，蛋白质和糖类也可以转化为脂类。鱼类商品饲料配方中由于蛋白源的成本最高，应最大限度地减少蛋白质作为能量的来源，因此，适当增加饲料中脂肪的含量来提供能量可以降低蛋白质需求量，以达到节约蛋白质的作用。

与温水性鱼类相比，鲑鳟鱼类一般对脂类有较高的需求和利用能力。饲料中脂肪添加水平可达 20%以上。鲑鳟鱼类可以将 C18 PUFA 转化成 HUFA，但不同种类对脂肪的利用方式和能力也存在较大差别，如虹鳟在 21%的脂肪水平下可获得较好的生长，褐鳟在脂肪含量 29%时可获得更好的生长，大西洋鲑则可以利用高达 40%左右的脂肪水平。同时，高脂日粮也增加了鲑鳟鱼类鱼肉中的脂肪含量。但饲料中添加过量的脂肪可能会影响产品质量，并导致雄鱼的性早熟。部分由高脂肪日粮引起的问题也可以通过上市前投喂一段时间的低脂饲料得到一定程度的缓解。

由于鱼类自身缺乏从单不饱和脂肪酸合成高不饱和脂肪酸的能力，一些 n-3 和 n-6 系脂肪酸必须从食物中获取，可称这些脂肪酸为必需脂肪酸（tssential fatty acid，EFA）。日粮中必需脂肪酸的缺乏可能导致多种病理变化，进而使鱼类停止生长和繁殖，甚至死亡。特别是一些具有生物活性的长链高不饱和脂肪酸是鱼类许多代谢和生理活动的必需物质，如 20: 4n-6（ARA，花生四烯酸）、20: 5n-3（EPA，二十碳五烯酸）、22: 6n-3（DHA，二十二碳六烯酸）。相反，典型的 C18 高不饱和脂肪酸如 18: 2n-6（亚油酸）和 18: 3n-3（α-亚麻酸），自身没有特定的代谢功能，但可作为相应的 n-6 系和 n-3 系高不饱和脂肪酸的前体。并且，鱼类不具备 n-6 系和 n-3 系高不饱和脂肪酸互相转化的能力。对鲑鳟鱼类而言，不同种类的必需脂肪酸种类存在一定的差异。如虹鳟和大西洋鲑的必需脂肪酸为 18: 3n-3 和 n-3 LC-PUFA（长链多元不饱合脂肪酸），而 18: 2n-6 和 18: 3n-3 对大麻哈鱼都具有必需脂肪酸的效果。必需脂肪酸需求量的确定也与脂肪酸平衡和发育阶段有关。目前，多种鲑鳟鱼类的必需脂肪酸需求量已确定，如大西洋鲑幼鱼 18: 3n-3 和 n-3 LC-PUFA 的需求量分别为干饲料重的 1.0%和 0.5%~1.0%，虹鳟幼鱼 18: 3n-3 和 n-3 LC-PUFA 的需求量分别为干饲料重的 0.7%~1.0%和 0.4%~0.5%。

目前，一个被广泛接受的观点是鱼类对日粮中的糖类没有特定的需求。除了一些特定种类，投喂不含糖类的饲料，鱼类能够正常生长和存活，这可能是由于鱼类可以通过糖异生由氨基酸等非葡萄糖前体合成葡萄糖。鱼类体内的葡萄糖也可由肝脏和肌肉存储的糖原分解而来。与禽类和哺乳动物相比，鱼类日粮中的糖类含量有限，但是，当饲料中不提供糖类时，其他的能量来源物质如蛋白质和脂类就要分解供能。因此，在鱼类商品饲料中添加适量的可消化糖类，可以节约蛋白质和脂类。此外，鱼类对日粮中糖类的利用能力值得关注，也与越来越多地用植物蛋白源替代鱼粉有关，因为植物蛋白通常含有较高的不同类型的糖类。总的来说，鱼类对糖类的利用能力因种而异。一般认为，草食性和杂食性鱼类相比肉食性鱼类对糖类有更好地利用能力，并能起到一定的节约蛋白质的作用。由于鲑鳟鱼类多为肉食性鱼类，对糖类的利用能力一般较差，在饲料中不宜添加过高的糖类。研究表明，虹鳟饲料中糖类的适宜添加量应低于 20%，粗纤维在饲料中不能高于 5%，仔稚鱼期粗纤维含量应控制在 2.5%以下，哲罗鲑仔稚鱼粗纤维含量应控制在 3%以下。同时，饲料中糖类的含量也会显著影响饲料的利用率。例如，饲料中淀粉的干物质含量超过 10%会导致鲑鳟鱼类的饲料利用率下降。另外，与饲料中缺乏糖类相比，饲料中含有少量的糖类可以促进虹鳟、大西洋鲑等鲑鳟鱼类的饲料利用率和蛋白质沉积。

二、鲑鳟鱼的饲料配制

主要养殖的鲑鳟鱼类全生长周期都可利用配合饲料进行投喂。鲑鳟鱼类配合饲料的质量取决于多个方面，对饲料配方设计、原料选择以及加工工艺都有很高的要求。

饲料配方设计遵循科学性、经济性、实用性、可行性、安全性和合法性等原则。配合饲料设计的主要步骤包括：明确饲料产品设计目标、确定鱼类的营养需要量、科学选择饲料原料、计算饲料配方以及评估饲料配方质量等方面。

由于鲑鳟鱼类对蛋白质和脂肪的较高需求量，饲料蛋白源和脂肪源选择对于饲料产品品质、养殖动物健康和福利以及产品安全性尤为重要。常用的饲料蛋白源主要包括动物性蛋白和植物性蛋白。在鲑鳟鱼饲料中常用的动物性蛋白源有鱼粉、肉粉、肉骨粉、血液原料与产品、羽毛类原料与产品等；常用的植物性蛋白源有大豆类产品、玉米蛋白粉、谷朊粉、棉粕、菜粕等。此外，一些新型饲料蛋白源如昆虫蛋白、微藻蛋白也已开始在商品饲料中应用，取得了较好的饲养效果。

脂肪是鱼类维持生长和健康必需的营养物质，是鱼类重要的能量和必需脂肪酸来源。鱼油因含有高质量的多不饱和脂肪酸，一直是鱼用饲料的主要脂肪源。然而，由于鱼油供应不足及价格持续升高，鱼油替代问题已引起了学术界和产业界的极大关注。多种不同来源的油脂已广泛地应用于鱼类饲料的研究和生产中。可以用于鱼类饲料的油脂主要包括动物油脂、植物油脂、水产副产品及单细胞和微藻油脂等。可应用于水产饲料的脂肪原料主要包括鱼油、牛油、猪油、棕榈油、豆油、玉米油、椰子油、菜籽油、葵花籽油、亚麻籽油等。除了葵花籽油以外，一般植物油价格都比鱼油低。因此植物油替代鱼油成为当前水产行业研究的热点问题之一。然而多数植物油缺乏鲑鳟鱼类的必需的 n-3 系列高度不饱和脂肪酸（highly unsaturafed fatty acid，HUFA）。大量研究表明，对于多数水产动物，如果在饲料中添加足够量的特定必需脂肪酸，用植物油替代鱼油是可行的，而且不会影响水产动物的生长和饲料效率。另外，用植物油替代鱼油时，必须考虑到可获取的能量以及多不饱和脂肪酸的含量。

此外，饲料的加工工艺和保存方法也显著影响鲑鳟鱼类配合饲料的营养价值、物理性状和食用安全性。

三、鲑鳟鱼的养殖管理

鲑鳟鱼类的主要养殖模式包括流水池塘养殖、网箱养殖、放牧式养殖、工厂化循环水养殖等。我国鲑鳟鱼的主要生产方式为流水池塘养殖，水源多为冷泉、山涧溪流、河水或水库底排水。近年来网箱养殖也发展较快，主要集中在甘肃和青海等地的高原水库。

鱼类只有通过摄食才可以获取营养物质，为机体的生长、发育、存活和繁殖等提供物质基础。自然条件下，鲑鳟鱼类的摄食受食物丰度和食物组成等影响。在养殖条件下，鲑鳟鱼类的摄食主要受到水温、溶氧、健康状态、养殖密度和饲料等生物和非生物因素的影响，并与投喂时间、投喂频率、投喂量等密切相关。投喂不足时，鱼体生长缓慢；投喂过量时，成本增加，水体污染加剧，进而影响鱼体的生长和健康，因此，合理的投喂可提高鱼体的生长、饲料效率，增加经济效益和减少水体污染。国内外学者也根据经验数值和多种数学模型估算了不同鲑鳟种类、不同生长阶段和环境条件的参考投饲表,对商品鱼的生产起到了较好的指导作用(表 5-2 和表 5-3)。

总的来说，国内外对鲑鳟鱼类的营养需要、饲料配制和养殖管理的研究已较为系统和深入，养殖技术较为成熟，商品鱼生产流程规范，产品品质安全可控，已成为世界上鱼类养殖最成功的商业典范。其中，高品质的配合饲料和科学的养殖管理对保障鲑鳟鱼产品的营养性、安全性、可控性发挥着非常重要的作用。

表 5-2　池塘养殖虹鳟的投喂表（%体重）

体重/g	3~5℃	6~7℃	8~9℃	10~11℃	12~13℃	14~15℃	16~17℃	18~19℃	19~20℃
0.2	4.0	4.1	4.4	4.7	5.0	5.5	6.1	6.6	6.9
0.4	3.6	4.2	4.5	4.8	5.2	5.9	6.5	6.9	7.1
0.8	3.5	4.0	4.3	4.7	5.1	5.8	6.2	6.5	6.8
1.5	3.4	3.9	4.2	4.6	5.0	5.6	5.8	6.1	6.3
2	3.2	3.7	4.1	4.5	4.8	5.2	5.4	5.7	5.8
5	2.9	3.4	3.9	4.3	4.6	4.8	5.0	5.4	5.5
6	2.7	3.1	3.5	4.0	4.3	4.5	4.8	5.0	5.1
8	2.6	3.0	3.3	3.8	4.0	4.2	4.4	4.6	4.7
11	2.5	2.7	3.0	3.5	3.6	3.9	4.1	4.3	4.4
15	1.8	2.4	2.7	3.1	3.3	3.5	3.8	4.0	4.0
23	1.6	2.0	2.4	2.7	3.0	3.1	3.3	3.7	3.6
30	1.4	1.7	2.1	2.4	2.7	2.8	2.9	3.2	3.2
38	1.3	1.6	1.9	2.0	2.4	2.5	2.6	2.9	2.8
50	1.2	1.4	1.7	1.8	2.1	2.2	2.3	2.5	2.4
65	1.1	1.2	1.5	1.6	2.0	2.1	2.2	2.3	2.2
76	1.0	1.1	1.3	1.5	1.8	1.9	2.0	2.1	2.0
91	0.9	1.0	1.2	1.3	1.6	1.7	1.9	2.0	1.8
151	0.7	0.8	1.0	1.2	1.4	1.5	1.7	1.8	1.7
454	0.5	0.7	0.8	1.0	1.1	1.2	1.4	1.5	1.4

注：引自 Hinshaw，1999。

表 5-3　网箱养殖虹鳟的投喂表（%体重）

体重/g 水温/℃	8.3	9.4	10.5	11.7	12.8	13.9	15.0	16.1	17.2	18.3
0.53	3.50	4.29	5.09	5.88	7.03	7.87	8.66	7.87	7.07	6.68
1.3	2.63	3.22	3.82	4.41	5.30	5.90	6.49	5.90	5.30	5.01
2.6	2.10	2.58	3.05	3.53	4.24	4.72	5.20	4.72	4.24	4.01
4.6	2.75	2.15	2.54	2.94	3.54	3.93	4.33	3.93	3.54	3.34
7.5	1.50	1.84	2.18	2.52	3.03	3.37	3.71	3.37	3.03	2.86
11.4	1.31	1.61	1.91	2.21	2.65	2.95	3.25	2.95	2.65	2.50
16.4	1.17	1.43	1.70	1.96	2.36	2.62	2.89	2.62	2.36	2.23
23	1.05	1.29	1.53	1.76	2.00	2.36	2.60	2.36	2.12	2.00
31	0.95	1.17	1.39	1.60	1.93	2.15	2.36	2.15	1.93	1.82
41	0.88	1.07	1.27	1.47	1.67	1.97	2.16	1.97	1.77	1.67
52	0.81	0.99	1.17	1.36	1.63	1.82	2.00	1.82	1.63	1.54
66	0.75	0.92	1.09	1.26	1.52	1.69	1.86	1.69	1.52	1.43
81	0.70	0.86	1.02	1.18	1.34	1.57	1.73	1.57	1.41	1.34
98	0.66	0.81	0.95	1.10	1.33	1.47	1.62	1.47	1.33	1.25
120	0.62	0.76	0.90	1.04	1.25	1.39	1.53	1.39	1.25	1.18
142	0.58	0.72	0.85	0.98	1.18	1.31	1.44	1.31	1.18	1.11
168	0.55	0.68	0.80	0.93	1.12	1.24	1.37	1.24	1.12	1.05
197	0.53	0.64	0.76	0.88	1.06	1.18	1.30	1.18	1.06	1.00

续表

体重/g 水温/℃	8.3	9.4	10.5	11.7	12.8	13.9	15.0	16.1	17.2	18.3
239	0.50	0.61	0.73	0.84	1.01	1.12	1.24	1.12	1.01	0.95
267	0.48	0.59	0.69	0.80	0.96	1.07	1.18	1.07	0.96	0.91
303	0.46	0.56	0.66	0.77	0.92	1.03	1.13	1.03	0.92	0.87
350	0.44	0.54	0.64	0.74	0.88	0.98	1.08	0.98	0.88	0.83
378	0.42	0.52	0.61	0.71	0.85	0.94	1.04	0.94	0.85	0.80
413	0.40	0.50	0.59	0.68	0.82	0.91	1.00	0.91	0.82	0.77
454	0.39	0.48	0.57	0.65	0.79	0.87	0.96	0.87	0.79	0.74
504	0.38	0.46	0.55	0.63	0.76	0.84	0.93	0.84	0.76	0.72
568	0.36	0.44	0.53	0.61	0.73	0.81	0.90	0.81	0.73	0.69
650	0.35	0.43	0.51	0.59	0.71	0.79	0.87	0.79	0.71	0.67
757	0.34	0.42	0.49	0.57	0.68	0.76	0.84	0.76	0.68	0.65
908	0.33	0.40	0.48	0.55	0.66	0.74	0.81	0.74	0.66	0.63

注：表中的数据乘以饲料转化率即可得到每天的饲料投喂量；引自 Webster 和 Lim，2002。

第六章　鲑鳟鱼病害的绿色防控

一、鲑鳟鱼病毒病及防控

和陆地环境一样，水体环境中也存在大量的微生物，其中很多微生物能够感染鱼类使其出现临床症状及死亡，该类病原微生物统称为水生病原微生物。在水产养殖过程中，最常见的鱼类病原微生物主要是细菌，其次是病毒和真菌。由于水生动物在幼年时对病毒性疾病易感性高、治疗手段有限、对病毒感染的发病机制认识不足以及对水生动物的自然抗性机制认识有限，病毒性疾病更难控制。因此，病毒病是对全世界水产养殖产生负面影响的主要疾病。

自 20 世纪 50 年代发现第一种水生病毒以来，目前已鉴定出 70 余种水生病毒。其中，对鲑鳟鱼健康威胁最大、分布最广的病毒主要有传染性造血器官坏死病毒、传染性胰脏坏死病毒、病毒性出血性败血症病毒、传染性鲑鱼贫血病毒、鲑鱼甲病毒等。现有资料表明，目前我国鲑鳟养殖环境主要存在传染性造血器官坏死病毒和传染性胰脏坏死病毒，这两种病毒病的大规模暴发可造成鲑鳟鱼高达 80%以上的死亡率，严重威胁我国鲑鳟鱼的健康养殖。下面我们将对鲑鳟鱼病毒病的流行特征及防控现状进行介绍。

鲑鳟病毒病多流行于幼鱼，发病快，死亡率高，具有很大的威胁性。生病的鲑鳟鱼往往表现出离群、对外界刺激反应迟钝等行为特征，也常出现体色发黑，眼球突出，腹部肿胀，鳍基部和腹部发红、充血，肛门多数拖着线状粪便等症状。但是不同病毒病会产生不同的临床症状，如患传染性造血器官坏死病的鲑鳟鱼会出现内脏发白贫血，消化道内无食物，充满乳白色和淡黄色黏液等症状；患传染性胰脏坏死病的鲑鳟鱼可能会出现腹水、幽门盲囊出血等症状；患病毒性出血性败血症的鲑鳟鱼会出现眼眶周围及口腔出血，鳃颜色变淡、苍白或花斑状出血，体表或内脏出血等症状。在自然发病的时候，患鱼常会出现多病原混合感染的现象，进而表现出非典型临床症状。因此，单纯的通过临床症状是很难对疾病进行诊断的，往往要通过实验室进一步检测才能确定疾病种类。

病毒病的发生是“病毒—宿主—环境”相互作用的结果。发病的首要因素是要具备病毒来源。其中，带毒鱼就是一个重要的传染源，病毒在池水中可长期保持感染力，病毒可通过带毒鱼的排泄物和分泌物感染其他健康鱼。有的病毒还可以通过鱼卵及精液将病毒垂直传播给子代。此外，染毒的水体、饲料、操作工具、活鱼运输装置等也是病毒的主要来源，不健全的水产养殖管理制度也会带来潜在的病毒来源风险。满足了具备病毒来源之后，病毒株本身的毒力差异就成了影响病毒病发生及危害程度的另一关键因素，强毒株会比低毒株造成更高的死亡率，也有可能存在无毒病毒株，这样的病毒不会导致鱼类大量的死亡，但是感染的鱼会大量携带该病毒，成为病毒传播源。病毒毒力与鱼的大小及种类息息相关，一般情况下，病毒对幼鱼具有更高的毒力，同一病毒对不同种鱼类可能具有完全不同的毒力。除此以外，由于鱼类是变温动物，生活在水中，受水体环境影响较大，水温极大程度上影响着病毒病的发生。鲑鳟鱼生长要求水温较低，因此感染鲑鳟鱼的病毒最适生长温度也较低，所以在自然状态下温度较低时（如 4 ~ 13℃）才会发病，温度较高时（如超过 15℃），鲑鳟鱼病毒病是不易大规模暴发的。

病毒与其他微生物相比具有许多显著区别，主要表现在化学组分、结构、繁殖方式等方面。病毒只含有一种遗传物质（核酸—RNA 或 DNA），而其他微生物同时含有两种核酸，病毒通过其核酸的复制和表达，在宿主内装配成子代病毒，而其他微生物由核酸和许多组分一起参与繁殖。由于大多数病毒没有生长代谢所需要的酶或缺乏完整的酶系统，因此不能进行糖类、脂类、蛋白质的生物代谢，只能借助宿主细胞的能量、场所和原料来合成自身所需的物质，故病毒的生物合成实质上是在病毒遗传信息控制下的细胞生物合成过程，这正是病毒只能在活的易感细胞内复制、增长，但是却不能独立于宿主之外生长繁殖的原因所在。另一方面，病毒不像其他微生物那样具有细胞壁、细胞器等构造，因此，病毒对通过作用于细胞壁、细胞膜、核糖体等而发挥抗菌作用的抗生素几乎不敏感，而只对诱导细胞产生“抗病毒蛋白”的干扰素敏感。

为了让大家能够更加清晰地了解病毒的特征，熟知病毒的致病原理，现对鲑鳟鱼病毒的致病机制进行简单概述。

（一）病毒结构组成

病毒的结构可以简单理解为外层由蛋白质组成的外壳（衣壳）和内层包裹的遗传物质（核酸）。

1. 核酸

核酸中蕴藏着病毒的遗传信息，若用化学试剂去除病毒的蛋白质衣壳，提取核酸并导入宿主细胞，可产生与亲代病毒生物学性质一致的子代病毒，从而证实核酸的功能是遗传信息的储藏所，主导病毒的生命活动，形态发生，遗传变异和感染性。

2. 衣壳

在核酸的外面紧密包绕着一层蛋白质外衣，即病毒的“衣壳”。衣壳的主要功能是：保护病毒核酸，使之免遭环境中的酶和其他理化因素破坏；参与病毒的感染过程，使病毒更好的吸附于细胞表面的；诱发机体的体液免疫与细胞免疫，这些免疫应答不仅有免疫防御作用，而且可引起免疫病理损害，与病毒的致病性有关。

（二）病毒的复制

病毒缺乏活细胞所具备的细胞结构以及代谢所必需的酶系统和能量，其复制是由宿主细胞供应原料、能量和复制场所，因此不能脱离宿主细胞单独在无生命的培养基中生长，它只能在活细胞内进行增殖。病毒感染细胞后，在病毒核酸控制下合成新的核酸与蛋白质，然后在宿主细胞中进行组装形成新的子代病毒，再以不同的方式释放到细胞外。这个过程叫作病毒的复制，它可以分为连续的五个阶段：吸附、侵入、脱壳、生物合成和组装及释放。

1. 吸附

病毒的核酸要进入到细胞内环境，首先病毒要与细胞进行结合，引起病毒感染宿主细胞的第一阶段——吸附。在此阶段，病毒表面的蛋白质（壳体蛋白或包膜糖蛋白）与宿主细胞表面的特定表面分子（如膜蛋白、脂质或糖蛋白或糖脂上的碳水化合物）结合，病毒粒子或者病毒核酸能够进入到宿主细胞中。

2. 侵入

侵入是病毒感染的第二阶段。此时病毒与宿主细胞上的受体结合后，通过类似于细胞吞噬作用进入细胞，此过程依赖于细胞膜凹窝的形成及其内在化作用。

3. 脱壳

病毒侵入细胞后，病毒的包膜和衣壳被除去，而病毒核酸释放出来的过程称为脱壳。在此过程中病毒的外壳会与宿主的细胞膜进行融合，将病毒内部的遗传物质核酸释放到细胞中。

4. 病毒大分子的合成

病毒在脱壳后，病毒核酸会在宿主细胞内利用细胞合成核酸和蛋白质的原料、场所、机制、能量，完成自身大分子的合成，主要包括病毒核酸的复制和病毒蛋白质的合成。

5. 病毒的装配与释放

病毒大分子合成产生的结构组分能够以一定的方式结合，组装成完整的子代病毒颗粒，这一阶段称为装配。在此阶段细胞中合成的病毒核酸被病毒蛋白质结合并包裹。

（三）病毒的传播方式

1. 直接传播

鱼类病毒的直接传播包括水平传播和垂直传播。水平传播是指病毒在同一代的动物个体之间的相互传播，一般会经过皮肤、黏膜表面传播。垂直传播是指病毒通过繁殖的方式由母代传递给子代的方式。

2. 间接传播

鱼类病毒的间接传播主要包括水流传播和人为传播。水流传播是指已经感染病毒的水通过汇集将病毒传播到未被感染的水域，进而造成鱼类病毒感染。人为传播是指已经感染病毒或携带病毒的鱼通过人为的影响将病毒进行传播的方式，如引进了感染病毒的鱼苗或鱼卵。

（四）病毒感染成功的基本条件

1. 病毒的感染性

病毒具有感染性是病毒感染成功的基本条件之一。所谓的病毒的感染性就是病毒能够进入敏感细胞内，并能够在其中生存的一种特性。对于病毒本身来讲，构成病毒感染和发病的重要因素包括病毒的致病性、毒力和感染病毒的量。

2. 合适的感染途径

病毒感染成立的第二个基本条件是合适的感染途径。只要有合适的感染途径，病毒才有可能接触并进入敏感的细胞内。有些病毒有多种感染途径，而有些仅有单一的感染途径，如果感染途径不合适，即使病毒毒力很强、数量很多也不能进入动物体内感染敏感细胞。

3. 宿主机体的易感性

如果上述两个条件都已经满足，那么还要机体或细胞具有易感性，病毒的感染才能够成立。宿主或细胞对于病毒的易感性主要取决于下列三个因素：细胞表面与病毒接触的受体，病毒只有与宿主细胞表面上的受体结合后才能够进入细胞，病毒的感染才能够成立；宿主机体的免疫状态，通常情况下群体的免疫水平与易感性呈反比，病毒侵入宿主内、侵入后的扩散、在细胞内的复制以及最终致病的能力，不但取决于病毒的性质，也取决于宿主的免疫防御功能的状态；其他物理因子，如温度、年龄等，病毒必须在适宜的温度下才能够进行有效的传播及自身增殖，同时宿主对于病毒感染的反应都会随着年龄的不同而引起很大的变化。

根据病毒的定义，病毒本身并不能进行自主复制，必须进入宿主细胞利用宿主细胞的原料和能源进行复制，因此病毒复制实际上就是病毒同宿主细胞之间的相互关系研究。首先，病毒进入宿主细胞后改变和接管了宿主细胞内的物质合成，病毒经常会攻击宿主细胞内的关键调节部位，如细胞遗传物质的复制等关键事件。第二，在病毒复制期间，病毒经常利用宿主细胞的能量供应，常以牺牲宿主细胞为代价的复制过程，导致细胞的损伤或死亡。病毒在宿主细胞内复制对宿主造成的损伤是病毒性疾病的根本原因之一。

目前没有防控鲑鳟鱼病毒病的特效良药，我国鲑鳟病毒病的防控主要采取化学药物消毒的方式，如利用有机碘制剂。但是，化学药物潜在危害大，还会污染环境。疫苗具有高效、安全、无污染、无残留的优点，因此科研人员试图通过疫苗免疫来解决鲑鳟病毒病。目前挪威已经有传染性胰脏坏死病的商品化疫苗，加拿大有传染性造血器官坏死病的商品化疫苗，而我国目前没有任何商品化鲑鳟鱼疫苗，多数疫苗研制处于研发阶段，其中由中国水产科学研究院黑龙江水产研究所冷水性鱼类病害防控创新团队研制的传染性造血器官坏死病核酸疫苗已进入产业化研究阶段，有望实现我国鲑鳟疫苗零的突破。但是疫苗的研发并非一朝一夕能够完成的，因此在养殖过程中还应积极做好预防与控制措施定期进行疾病监测，对鱼种进行健康认证，根据鲑鳟鱼年龄大小进行分塘饲养，实施休渔制以及对养殖场设备、工具及废水进行严格消毒。另外，严格禁止与疫情进行苗种及物品流通，同时也应加强管理制度建设。

二、鲑鳟鱼养殖过程中常见细菌性疾病的发生与控制策略

疾病是指动物机体或某些器官状态的变化过程，并呈现出一系列特定的临床症状和某些异常指标，通俗地说指由于某种内在或外在原因使机体脱离了正常状态。研究疾病发生的原因和条件的学说，称为病因学。正确认识疾病发生的原因和条件，有助于理解疾病本质以及针对疾病采取的有效治疗方法和预防措施。

我国鲑鳟鱼养殖历史悠久，随着新品种的引进、养殖规模的扩大、水质环境的变化，各种病害频繁发生，严重影响产业的健康发展。由于鱼类生活在水体中，它们的活动变化不易察觉，一旦生病，及时和正确的诊断较困难，治疗也较麻烦。鲑鳟鱼大多采用流水养殖和网箱养殖模式，药物治疗效果不佳，内服药一般只能由鱼主动摄入，所以当病情较严重、机体已经失去摄食能力时，即使有特效药物也达不到治疗效果；外用消毒药物很难对流水和网箱养殖起到作用。因此，防病工作必须贯彻“无病先防、有病早治、防重于治”的方针，才能达到预防或避免疾病的发生，这就要求采取全面、综合的预防措施，改善和保持优良的生态环境，摸清主要疾病的发生流行规律，提高鱼体自身抵抗力并尽量减少和消灭病原。

外因和内因均可诱发鲑鳟鱼疾病发生。外因包括生物因素和非生物因素，如病原生物感染寄生、环境恶化、饲料变质或营养缺乏等；内因包括种群、个体和年龄因素。

（一）细菌性疾病

细菌性疾病包括专一性和条件性致病菌感染。“原发性感染”“兼性感染”或“条件致病性感染”之间没有严格的界限，因为病原毒力才能决定其与宿主防御系统的对抗能力。鳟鱼的细菌性疾病主要由革兰阴性菌感染引起，只有部分重要疾病由革兰阳性菌感染引起，包括在淡水和海水中的感染。

细菌可通过鳃、肠道和皮肤进入鱼体，而后感染整个鱼体。当感染变为系统性感染时，它们将导致急性病变，外在表现则为眼球突出、充血、淤血，而体内病变则表现为腹水、充血和出血。但是一些细菌则造成慢性感染（组织中细菌增殖和组织自我修复共同作用），导致形成典型的肉芽肿病变。

引起鲑鳟细菌病的主要有杀鲑气单胞菌、嗜水气单胞菌、鲁氏耶尔森菌、杀鲑弧菌、嗜冷黄杆菌、嗜鳃黄杆菌、水栖/约氏黄杆菌、金黄杆菌属、荧光假单胞菌、鲑肾杆菌等。

表 6-1　鲑科鱼主要的细菌性病原（鲑鳟疾病彩色图谱）

菌种		疾病	宿主	水环境
革兰阴性菌	嗜水气单胞菌		虹鳟	淡水
	杀鲑气单胞菌杀鲑亚种	疖病	大多数鲑科鱼	淡水
	鳗利斯顿氏菌	弧菌病	鲑科鱼	海水
	Aliivibrio salmonicida，*A. wodanis*，*A. logei*	冷水弧菌病	大西洋鲑	海水
	黏放线菌	冬季溃疡疾病	大西洋鲑	海水
	鲁氏耶尔森菌	肠炎红嘴病	虹鳟	淡水
	荧光假单胞菌		虹鳟	淡水

续表

	菌种	疾病	宿主	水环境
革兰阴性菌	嗜冷黄杆菌	虹鳟鱼鱼苗综合征，尾柄病	虹鳟	淡水
	柱状，水栖/约氏黄杆菌	柱形病	虹鳟	淡水
	Tenacibaculum maritimum	黑斑坏死病，海水复杂细菌性疾病	大西洋鲑	海水
	蜂窝哈夫尼亚菌		虹鳟	淡水
	金黄杆菌属		虹鳟	淡水
	Pasteurellas kyensis		大西洋鲑	海水
	Francisella noatunensis subsp. noatunensis		大西洋鲑	海水
革兰阳性菌	鲑鱼肾杆菌	细菌性肾病	虹鳟/鲑鱼	淡水/海水
	Carnobacterium maltaromaticum	假肾脏性疾病	虹鳟/奇努克鲑	淡水
	海豹链球菌		大西洋鲑	海水
	抗酸细菌			
	龟分枝杆菌，偶发分枝杆菌，海分枝杆菌	分枝杆菌病	鲑鱼	海水
	诺卡氏菌属	诺卡氏菌病		

这些病原菌之所以对鲑科鱼类产生很强的致病作用主要是因为病原菌产生大量的毒力因子，从而对宿主产生黏附、侵入和免疫逃避。对于病原菌而言，毒力因子种类和数量主要因自身是革兰阴性菌还是革兰阳性菌而不同，这主要由于细菌细胞被膜的结构和功能的差异性。革兰阴性菌的细胞被膜主要由胞浆膜（内膜）、细胞周质和外膜等组成。脂多糖和纤毛等细胞被膜结构成分是革兰阴性病原菌的重要毒力因子。脂多糖是革兰阴性菌外膜上的重要成分，是

由 O 抗原、多糖和类脂 A 组成。研究发现，脂多糖是鲁氏耶尔森菌、杀鲑气单胞菌、嗜水气单胞菌和鳗弧菌等革兰阴性病原菌的重要毒力因子，起到诱发宿主炎症反应或逃避宿主免疫反应的作用。此外，已有研究证实纤毛是鲁氏耶尔森菌和嗜水气单胞菌的重要毒力因子。细胞表面锚定的和分泌到细胞外的蛋白是革兰阴性菌毒力因子的重要来源。革兰阴性病原菌主要利用分泌系统分泌这些蛋白。然而不同的革兰阴性病原菌却利用不同的分泌系统分泌效应蛋白。杀鲑气单胞菌、嗜水气单胞菌和嗜冷黄杆菌分别利用Ⅲ型分泌系统、Ⅵ型分泌系统和Ⅹ型分泌系统分泌各自的效应蛋白。然而鲁氏耶尔森菌却利用Ⅲ型分泌系统、Ⅴ型分泌系统和Ⅵ型分泌系统分泌自己的效应蛋白。与革兰阴性菌不同，革兰阳性菌的细胞被膜主要是由胞浆膜、肽聚糖和荚膜等组成。荚膜多糖是荚膜的重要组成分，是肺炎链球菌等革兰阳性病原菌的重要毒力因子。研究发现，荚膜多糖也是海豚链球菌的重要毒力因子，起到对机体产生致病力的作用。与革兰阴性菌相似的是锚定在细胞被膜上和分泌到细胞外的蛋白也是革兰阳性病原菌重要的毒力因子来源。已有研究证实，溶血素和 M 样蛋白是海豚链球菌的重要毒力因子，参与细菌对宿主的致病作用。对于革兰阴性病原菌和革兰阳性菌而言，毒力因子的表达均受到细菌感知系统复杂而精准调控，其中最常见的是群体感应系统和双组分系统。许多研究已经报道群体感应系统和双组分系统参与鲑科鱼类病原菌的毒力因子的表达。杀鲑气单胞菌蛋白酶的分泌受到细菌群体感应系统的调控，而海豚链球菌荚膜多糖的合成受到细菌双组分系统 SivS/SivR 的调控。

绝大多数病原菌是所谓的条件致病菌。在正常生活时，这类病原菌对宿主无害反而有益。然而它们侵入到宿主体内或进入到非正常生活的宿主组织中，细菌可能因环境发生改变而表达毒力蛋白，转而用毒性生活来保护自己。对于条件致病菌而言，从正常生活到毒性生活的相互转变是其生存斗争的需要，受到细菌感知系统的精细调控。因此，探索细菌如何利用感知系统如群体感应系统和双组分系统调控毒力因子表达的分子机制，是深入了解鲑科鱼类病原菌致病机制的关键所在。

1. 疖疮病

本病是由革兰阴性的气单胞菌属的杀鲑气单胞菌及其亚种引起的疾病（图 6-1）。杀鲑气单胞菌宿主广泛，可感染各个年龄段的海淡水鱼类。鲑科鱼类被认为疖疮病最易感鱼类，尤其是溪鳟、大西洋鲑和褐鳟，虹鳟抵抗力相对较强，多表现为慢性型或亚急性型。而感染性高的鱼，在感染约 1 周后就可发病。该病流行水温是15~18℃。

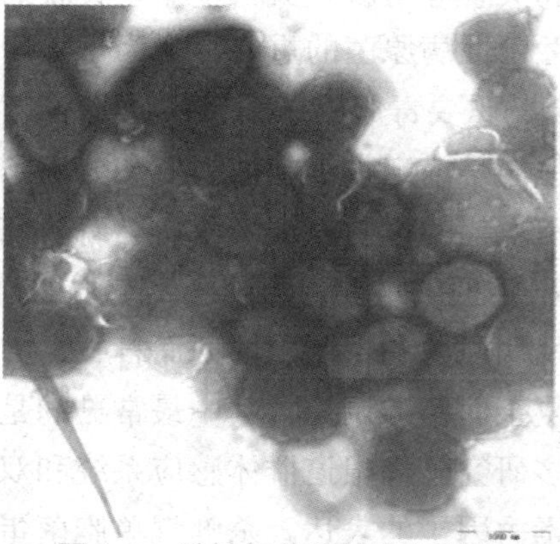

图 6-1　杀鲑气单胞菌形态观察

该病分为四个类型：急性型，外部症状未表现出来，病鱼已开始死亡；亚急性型，表现出疖疮症状后开始死亡（图 6-2）；慢性型Ⅰ，表现出肠道发炎，鳍基部出血症状，病鱼死亡较慢；慢性型Ⅱ，能分离到病原菌，但无明显症状，也不引起死亡，有时在鳃上有轻度症状。慢性和急性感染的疖疮病依赖于水温、鱼龄和病原毒力。该病的暴发还与一些压力相关，例如温度变化、养殖管理不善、水质或养殖密度等因素。

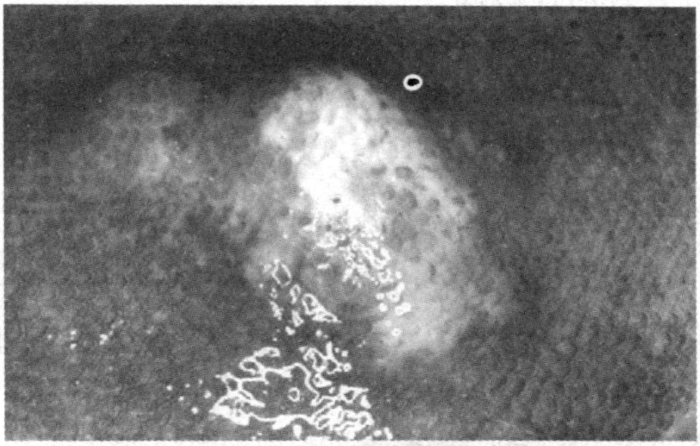

图 6-2　养殖虹鳟亲鱼的疖病；
皮下形成疖样病变（汪开毓等，2018）

病菌经皮肤侵入后，在躯干内形成小的感染病灶。由于细菌增殖，肌肉组织溶解坏死、出血、浆液渗出，游走细胞浸润，患部皮肤软化，向外隆起，形成疖疮。皮肤创伤是经感染的主要门户。感染途径除经皮肤外，还有经鳃和经口感染。经鳃感染首先是在鳃小片和毛细血管形成细菌集落，引起血行障碍和组织崩坏，继而细菌经血流侵入心脏及其他内脏，形成转移病灶，经口感染表现为肠道发红，肠道内含混有血液的黏液物质，逐渐形成严重的卡他性炎症。

疖疮病曾经给全球水产养殖业造成了巨大的困扰，一度成为国际研究热点，特别是在疫苗研发领域。在疫苗研究初期试图通过口服和浸泡途径接种鱼体，然而相对于腹腔注射途径，这两种疫苗接种方法的效果太差。20 世纪 80 年代后，针对杀鲑气单胞菌的研究重点开始移向腹腔注射疫苗，并在冰岛成功研发出矿物油佐剂的可注射疫苗，其免疫保护水平高、作用时间长，成为控制疖疮病的最主要方法。在挪威，近 100%的大西洋鲑在转移到海水前都接种疖疮病疫苗。国外使用的商业化杀鲑气单胞菌疫苗主要是针对大麻哈鱼等大型鲑科鱼类。本实验室也开展了杀鲑气单胞菌灭活疫苗的研制及效果评价，结果表明所研制的灭活疫苗对养殖虹鳟的保护率达到

85%以上。此外，配合外用消毒剂，口服抗菌药物如磺胺类、喹诺酮类药物等也可有效治疗该病。

2. 细菌性冷水病

细菌性冷水病（bacferial colduater disease，BCWD）又称“虹鳟幼鱼综合征”“烂尾症”“冷水病”等，是由嗜冷黄杆菌（图 6-3）感染引起的一种鲑鳟细菌性疾病，给淡水或低温养殖鲑鳟造成大量经济损失。

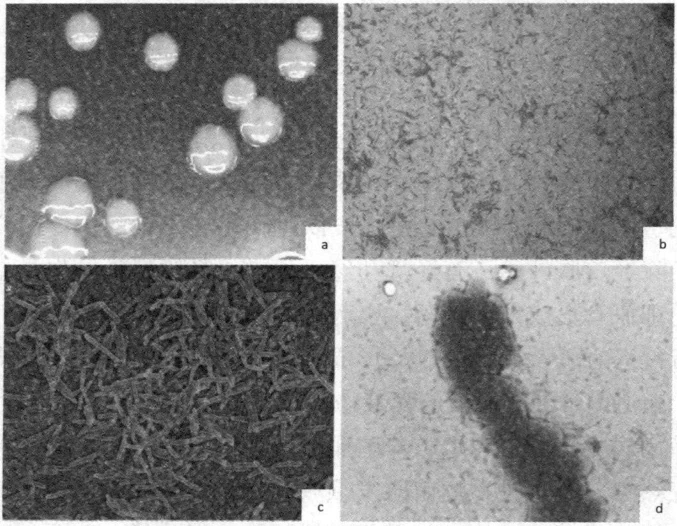

图 6-3　嗜冷黄杆菌形态观察

a. 肉眼观察；b. 革兰染色观察；c. 扫描电镜观察；d. 透射电镜观察

嗜冷黄杆菌的感染呈世界性分布，在全球多个国家和地区均有分离到该菌，包括丹麦、法国、德国、挪威、西班牙、瑞典、英国、澳大利亚、加拿大、智利、日本、韩国和土耳其等。嗜冷黄杆菌几乎可感染所有鲑科鱼类，如虹鳟、银鲑、大西洋鲑、王鲑、山鳟、北极红点鲑、溪鳟等，其中虹鳟和银鲑对嗜冷黄杆菌尤其易感。实验室前期调查研究表明，虹鳟、褐鳟、七彩鲑、山女鳟、白点鲑、红点鲑、鸭绿江茴等均可感染嗜冷黄杆菌。该病通常在 3~15℃发生流行，患 BCWD 的病鱼早期表现为精神萎靡、食欲不振，鳍尖开始腐烂，可见嗜冷黄杆菌在鳍上附着形成白色区域，严重时可使鳍条分离；其他病征还包括眼球突出、鳃苍白、腹胀和腹水等。在 BCWD 的晚期病例中，患病鱼尾柄部病灶处肌肉糜烂坏死，严重时尾椎骨外露，在背鳍、鼻颚处及背鳍和头后部之间的肌肉组织上可观察到明显病变（图 6-4）。

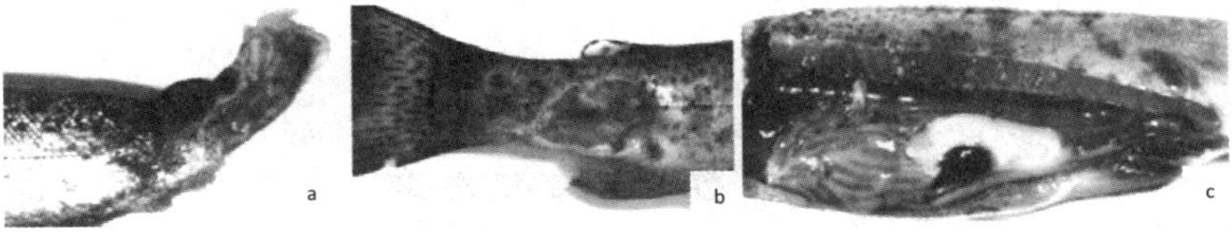

图 6-4　自然发病虹鳟的临床病症

a. 尾鳍溃烂；b. 体色发黑且尾柄部肌肉溃烂；c. 脾脏肿大、肠炎、腹水

疫苗是预防 BCWD 的重要和有效手段。迄今为止，已报道的 BCWD 疫苗包括亚单位疫苗、灭活疫苗、减毒疫苗，但大多均处于实验室验证水平，并没有商业化投入市场。使用抗生素仍是治疗 BCWD 的首选方法，然而嗜冷黄杆菌对抗生素的耐药性是一个严重的问题。

3. 肠炎红嘴病

该病的病原是鲁氏耶尔森菌（图 6-5），最初从美国患病虹鳟中分离。该病可感所有养殖的鲑鳟鱼类，包括虹鳟、褐鳟、溪红点鲑、太平洋鲑、大西洋鲑、银大马哈鱼、克氏鲑和大鳞大麻哈鱼等，也可感染加拿大白鲑、湖白鲑、江鳕、金鱼等非鲑科鱼类。该病除美国、加拿大、丹麦、英国、法国、德国、挪威等欧美国家外，澳大利亚也有发现，在我国养殖的鲢、鳙鱼也有感染，且发病率和死亡率均较高。

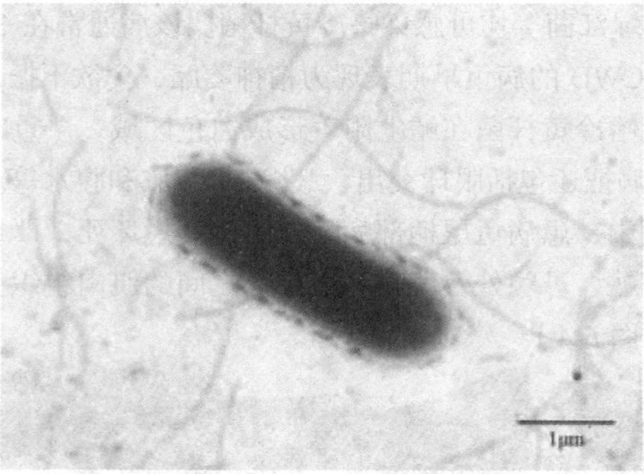

图 6-5 鲁氏耶尔森菌形态观察

注：胞外有一层明显的细胞膜，伴有褶皱

该病常发生于长约 7.5 cm 的虹鳟，对 12.5 cm 及以上稍大规格的鱼则发病不太严重且病情发展较为缓慢。流行高峰的水温 15~18℃时，水温降到 10℃以下则减少。该病对虹鳟的累积死亡率可达 30%~35%。患病虹鳟腹部膨大，肛门红肿，轻压腹部有黄色黏液或脓状物流出；剖检可见腹腔内有腹水，肠道充血、发红，肠壁变薄，弹性降低（图 6-6）。

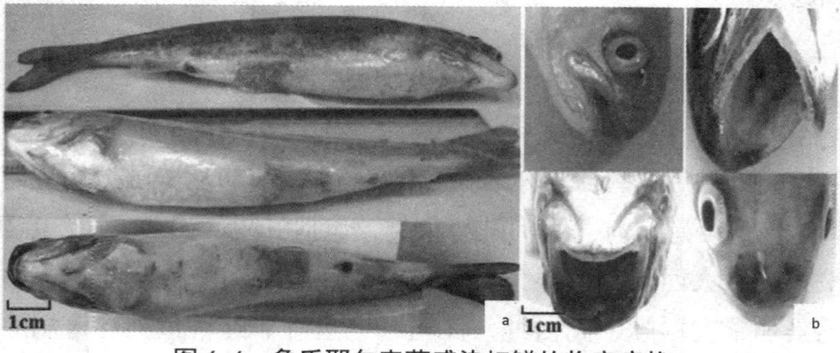

图 6-6 鲁氏耶尔森菌感染虹鳟的临床症状

a. 受感染的虹鳟肛门红肿、鳍条充血、腹部有出血点；
b. 受感染的虹鳟嘴部和下颌表现出不同程度充血

该病的防控从三个方面进行：对鱼卵、鱼苗浸洗消毒，避免鱼体受伤，控制放养密度，保持良好水质；口服抗生素（如喹诺酮类药物等），并用外用消毒剂全池泼洒；注射或口服灭鲁氏耶尔森菌疫苗，可起到预防作用。针对鲁氏耶尔森菌的疫苗研究始于1965年，Tebbit等用石炭酸灭活菌制备灭活口服疫苗，其保护率可达到90%。1981年ERM浸泡疫苗研制成功并应用于鲑鳟鱼类养殖场，虹鳟鱼经该疫苗中浸泡90 s即可以获得良好的免疫效果；1986年利用鲁氏耶尔森菌脂多糖混合物制备出注射疫苗，但注射接种的方法对于大规模养殖渔场而言是不可行的。浸泡虹鳟鱼幼苗（5g）是养殖渔场预防ERM的常规方法。但这种方法存在两点不足；一是免疫保护时间只维持不到6个月，二是对于大规格鳟鱼(20~30 g)接种推荐的疫苗浓度免疫效果差。1999年鲁氏耶尔森菌福尔马林灭活疫苗首次在鲑科鱼类肠炎红嘴病使用；后期陆续的试验研究也表明注射疫苗法是预防鱼类鲁氏耶尔森菌病的重要方法。

4. 烂鳃病

该病的病原为嗜鳃黄杆菌，是鱼池和天然水体中的常见菌（图6-7）。该病主要危害虹鳟、溪鳟等，是虹鳟养殖中最常见的细菌性疾病，在世界很多国家都有流行。流行水温通常是4~13℃，引起大量死亡主要见于从上浮幼鱼到10 g（体长5 cm）左右的鱼种，更大的鱼较少发病。饲养密度过高、水中氨含量增加、溶氧量下降、水质浑浊等，均容易引起该病的发生。

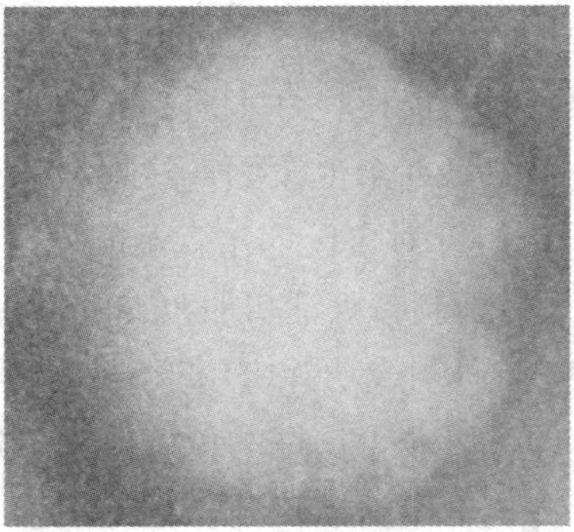

图 6-7　嗜鳃黄杆菌形态观察

患病鱼摄食不良，离群独游于水面，且游动迟缓，体色变黑。鳃组织表面由于有大量长杆菌繁殖，刺激鳃上皮细胞异常增生，鳃小片黏着愈合，鳃丝棒状化（图 6-8）。从外规看，鳃组织分泌大量黏液，鳃淤血，鳃丝肿胀，鳃盖不能完全闭合。预防本病最主要的方法是避免高密度养殖，保持良好的水质环境。孵化场水源应保持清洁，不应放养鱼类。治疗时可用漂白粉全池遍洒，使池水呈 1 ppm 浓度，同时内服抗生素如氟苯尼考、恩诺沙星等。

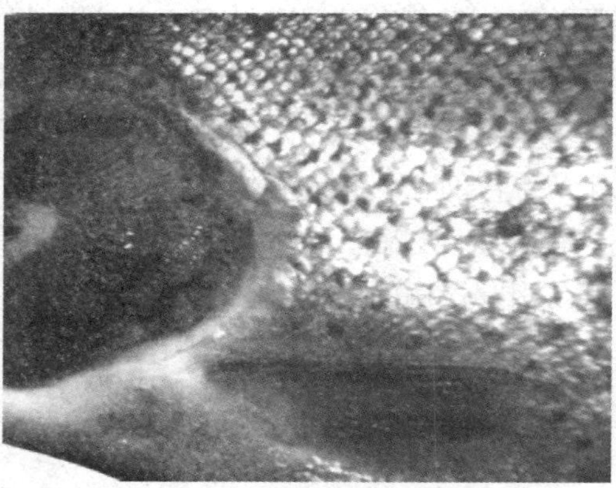

图 6-8　虹鳟细菌性鳃病鳃淤血，

鳃丝肿胀、棒状化

此外，柱状病、链球菌病、细菌性肾病、假单胞菌病、金黄杆菌病等细菌性疾病在养殖鲑鳟过程中均有发生，其危害程度与环境、养殖管理、密度、鱼体状况等因素密切相关。

三、鲑鳟鱼绿色新渔药——益生菌

近年来，随着生活水平的提高和自我保护意识的增强，人们对食品质量安全的要求越来越高，纯天然、绿色、无污染、健康的有机绿色食品受到越来越多消费者的关注和青睐。益生菌在安全、有效、可控的前提下，在调节养殖动物肠道菌群平衡、促进消化吸收及生长、提高免疫力和抗病力方面均表现出较好的效果，因而具有了良好的市场和应用前景。

（一）什么是益生菌

益生菌一词最初是源于希腊文“Probiotics”（共生），意味着“在动物之间的生命维持上起到相互补益的作用”，是与抗生素（Antibiotics）一词相对立的。

通常益生菌是指一类能定植于生物体内，能产生健康功效从而改善宿主微生态平衡、发挥有益作用的活性有益微生物的总称；或可通过定殖在宿主体内，改变宿主某一部位菌群组成的一类对宿主有益的活性微生物，进而通过调节宿主黏膜与系统免疫功能或通过调节肠道内菌群平衡，促进营养吸收保持肠道健康的作用，从而产生有利于宿主健康作用的单微生物或组成明确的混合微生物。因此，FAO 和 WHO 将益生菌定义为一种对宿主具有一定积极作用的活微生物。

水产益生菌又称益生素、微生态制剂或活菌制剂，包括从宿主体内或环境中分离到的正常有益菌群制成的活菌制剂及微生物发酵产品及其代谢产物。按照功能及使用方法主要可以分为两大类：一是可通过改善养殖水体环境（包括抑制病原微生物和有害物质、提高水中溶氧量、促进养殖生态系统中的正常菌群和有益藻类活化生长、保持养殖水体生态平衡等方面），进而达到促进水产养殖物健康生长的益生效果；二是进入并定植于宿主消化道内，通过促进肠道有益微生物的繁殖和抑制有害微生物生长的方式，进而调节宿主肠道菌群平衡、改善宿主健康，并促进水产养殖物生长发育、提高养殖动物消化力、免疫力和抗病力的一类微生物或混合微生物。

根据 2013 年《中华人民共和国农业部第 105 号公告》，允许饲料使用的微生物添加剂如表 6-2 所示。在虹鳟养殖及相关研究与应用中，常用的益生菌包括乳酸菌、芽孢杆菌、酵母菌以及其他菌类。其中，乳酸菌（lactic acid bacteria，LAB）是厌氧或兼性厌氧的细菌，在自然界分布广泛。乳酸菌是健康动物肠道中的优势菌群，能在动物肠道内发酵产生有机酸和酶等物质，对宿主的生理功能、免疫系统、营养状态、毒性反应、应激反应等均具有重要作用，能有效维持肠道微生态平衡和机体健康。芽孢杆菌中的枯草芽孢杆菌（*Bacillus subtilis*）也是较为常见的水产益生菌。它具有耐高温、耐酸碱、耐防腐剂，在饲料制作中易存活、易加工、便于储藏等优点。酵母菌是一类以芽植为主的兼性厌氧型真菌，能促进肠道其他益生菌的生长，提高水产动物的消化率，增强机体免疫力。

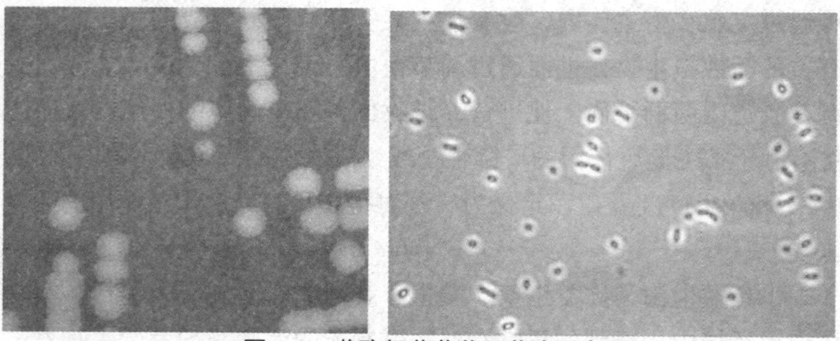

图 6-9　芽孢杆菌菌落及芽孢形态

表 6-2 农业部第 105 号公告公布饲料允许的微生物添加剂

类别 Category	通用名称 Common name	适用范围 Applicable scope
乳酸菌 lacticacid bacteriium	嗜酸乳杆菌（*L. acidophilus*）、干酪乳杆菌（*L. casei*）、植物乳杆菌（*L. plantarum*）、罗伊氏乳杆菌（*L. sreuteri*）、纤维二糖乳杆菌（*L.cellobiosus*）、发酵乳杆菌（*L. fermentum*）、布氏乳杆菌（*L. buchneri*）、副干酪乳杆菌（*L. paracasei*）、德氏乳杆菌保加利亚亚种（*L. elbrueckii subsp. bulgaricus*）、德式乳杆菌乳酸亚种（*L. delbrueckii subsp. lactis*）、乳酸肠球菌（*E. lactis*）、乳酸片球菌（*P. acidilactici*）、戊糖片球菌（*P. pentosaceus*）、嗜热链球菌（*S. thermophilus*）、两歧双歧杆菌（*Bifidobacterim bifidum*）、婴儿双歧杆菌（*B. infantis*）、长双歧杆菌（*B. longum*）、短双歧杆菌（*B. breve*）、青春双歧杆菌（*B. adolescentis*）、动物双歧杆菌（*B. animalis*）、粪肠球菌（*E. faecalis*）、屎肠球菌（*E. faecium*）	养殖动物 青贮饲料
芽孢杆菌 Bacillus	地衣芽孢杆菌（*B. icheniformis*）、枯草芽孢杆菌（*B. subtilis*）、迟缓芽孢杆菌（*B. lentus*）、短小芽孢杆菌（*B. pumilus*）、凝结芽孢杆菌（*B. coagulans*）、侧孢短芽孢杆菌(*B. laterosporus*)	肉鸡、生长育肥猪、水产养殖动物
酵母菌 yeast	产朊假丝酵母（*Candida utilis*）、酿酒酵母（*S. cerevisiae*）	养殖动物
其他 other	沼泽红假单胞菌（*R. palustris*）、产丙酸丙酸杆菌（*Propionibacterium acidipropionici*）、黑曲霉（*Aspergillus niger*）、米曲霉（*A. oryzae*）	养殖动物 青贮饲料

（二）水产益生菌是如何发挥作用的

水产益生菌主要通过两方面作用来达到益生的效果：首先，通过改良养殖水环境的方式；其次，通过改良水产养殖物机体内环境的方式。因此，水产益生菌的功效可分为以下四类：

1. 分泌活性物质

通过分泌细菌素、胞外酶等物质，抑制或杀灭有害细菌。

（1）细菌分泌产生的细菌素或其他活性代谢物质可有效抑制或杀死其他细菌及病原微生物，以获得更广阔的生存空间与更多的营养物质供益生菌本身生长和增殖使用。如枯草芽孢杆菌可以产生表面活性素、伊枯草菌素等物质。

（2）有些益生菌还能产生不同种类的细胞外酶如蛋白酶、淀粉酶、脂肪酶等调节宿主的新陈代谢过程，当生物体产生的内源酶的数量和活性不足时，补充益生菌产生的外源性消化酶对提高消化酶活性、营养物质利用率、生长性能和促进消化吸收等具有重要作用，从而达到良好的益生效果。

（3）益生菌产生的短链脂肪酸还可以起到促进钙、铁等营养物质吸收的作用。

2. 竞争排斥抑制有害菌生长

通过分泌抑制性物质，竞争营养物质，竞争宿主的定植位点或通过竞争排斥的原理，抑制有害细菌的生长繁殖。

（1）改变肠道内环境，抑制有害细菌生长。如保加利亚杆菌能够定殖在鱼肠黏液中，产生大量短链脂肪酸，诱导肠道 pH 降低，进而达到抑制病原微生物增殖的效果。

（2）益生菌还可通过促进肠道蠕动，加速致病菌的排出；并分泌大量抑菌、杀菌物质，或分泌一些胞外酶，破坏黏膜受体，使致病菌不能黏附和入侵。

（3）很多益生菌都可分泌分解寄生虫细胞壁的物质，从而减少寄生虫的数量，有效防止寄生虫对水生生物所产生的危害。

3. 提高水产动物免疫力

通过提高抗体水平和巨噬细胞的活动，激活机体体液和细胞免疫系统从而提升宿主的免疫能力。

（1）水产益生菌能通过加快有机物分解速率，释放游离氨基酸和葡萄糖为微生物提供营养，并促进浮游动物生长，同时自身大量繁殖形成优势菌进而提高水产动物的免疫功能。

（2）益生菌可合成多种维生素，如维生素 B_1、维生素 B_2、维生素 B_6、维生素 B_{12}、烟酸、泛酸、叶酸等；并激活抗体的吞噬细胞的吞噬活性，促进特异性和非特异性 IgA 抗体的产生，增强免疫系统功能。

（3）益生菌还可诱导机体的黏膜免疫反应，激活适应性免疫系统和补体系统，使白细胞增多，细胞因子和趋化因子如 TNF-α、白介素（IL-6，IL-10，IL-12）和 IFN-C 表达上调，进而提高宿主抗病能力。

（4）益生菌还起到可促进水生生物胸腺免疫的发育的作用，进而改善机体抵抗疾病的能力。

4. 净化改良养殖水环境

益生菌可通过多种方式对水质起到改良作用。

（1）通过直接或间接的分解和利用养殖水体中的有机物质，减少氨氮、亚硝酸盐的含量，抑制有害细菌滋生，改善水体环境，促进水产动物的健康生长。

（2）益生菌还能够直接吸收养殖水体中的有机物或在一定程度上降解有毒物质，显著减少淤泥形成，正向调节水质。

（3）益生菌还可作为生物防治剂或生物修复剂使用，可有效减少重金属污染水体中的 Pb、Cd、Hg、Ni 等重金属含量；也可对藻类暴发的水环境中的藻类生长起到极好的抑制和杀灭作用。

（4）益生菌还可处理微生物中的芽孢杆菌、光合细菌等物质，其能有效控制水体中的有机质，将其变为磷酸盐、硝酸盐等营养物质，以此减少水中物质的需氧量，并分解水体当中的有毒物质，起到推动水体物质循环的作用。

图 6-10　芽孢杆菌在虹鳟肠组织中定植情况观察（绿色荧光标记目标菌）

（三）水产益生菌的优势及存在问题

作为目前细菌性病害最主要也是最有效的防控方式，抗生素的不科学施用及药物残留带来的环境、生态和食品安全问题也越来越引发人们的重视和抵制。而以益生菌为主体的复合水产微生态制剂是由多种有益微生物及其代谢物构成的、可直接使用的活菌制剂，它具有无毒副作用、无耐药性、无残留、低成本、效果显著等特点，有效地克服了抗生素、激素、防腐剂、农药、化肥等化学农业所产生的各种副作用，在人、畜、禽中使用获得较好效果的同时，也开始在水产养殖中崭露头角。

当前，益生菌在多个行业发展中都有着非常广泛的应用，在水产养殖生产过程中的应用也逐渐增多。益生菌不仅可以有效改善水质，还可以通过进入机体，促进宿主机体生长、改善机体理化及消化内环境、提高宿主消化能力和免疫力等方面的作用来提高机体生长性能及抗病力，达到增产和减少化学药品使用的目的，促进水产养殖业绿色可持续发展。但是，在应用的过程中，水产益生菌还存在着一些问题与不足，为改变这一现状，还需相关人员进行有针对性研究和试验，以促进益生菌在我国水产养殖行业健康发展进程中挥发更好更大的作用。

1. 水产益生菌的作用还不够清晰

20 世纪 80 年代，微生态制剂在我国水产养殖业中开始应用，并取得了较好的效果，具有良好的应用前景。但进入水生生物体内的所谓有益菌，是如何发挥菌体分泌物的作用、竞争性抑制作用、刺激免疫系统的作用和夺氧等微生态制剂的功能的？泼洒的微生态制剂对原籍菌群究竟会产生什么影响？这些影响对于池塘中的固有微生态结构有何种程度的调整，这些问题仍需要人们进一步去深入系统的研究。

2. 菌种的种类及丰富度有待增多

现阶段益生菌饲料的菌群种类不够丰富，益生效果缺乏针对性，可选择范围狭小。且部分益生菌菌种直接来源于畜禽，应立足水产养殖实际，大力拓展筛选思路和范围，筛选水产动物体内潜在的益生菌，有针对性地开发适用于水产动物的适应性更好、黏附性更高、能更好参与机体营养和免疫调节的益生菌菌株。

3. 益生菌安全性研究需严格把关

作为益生菌的最基本条件之一是益生菌菌株的安全性。而益生菌安全性具体应该从哪些方面、哪些时期进行哪些具体的监测和检测，目前仍未见有明确的规定和执行办法。正常情况下，机体内处于平衡状态，而当平衡被打破、某种菌类成为优势菌时或机体处于易感染状态时，菌株可能成为潜在的致病性菌株。且细菌具有获得和传递外源性质粒的能力，益生菌菌株是否会获得或传递毒力质粒和耐药性质粒也是需要慎重研究和监测的重要内容。同时，微生物在不同的生存环境下，其代谢特性有可能不完全相同；微生物代谢产生的复杂产物在不同的动物体内和动物不同的生理阶段，可能会发挥不尽相同的作用，也是益生菌在研发和使用时需要格外注意的部分。

4. 工程菌及其功能的开发仍需加强

益生菌在改善水质促进水产品生长方面的积极作用也没有得到充分地发挥，最适投饵策略和施喂条件仍需细致摸索，而且很多益生菌在加工、运输和投喂过程中的失活问题较为严重。因此，应加大在菌种培育的过程中基因工程技术使用的研究力度，从而优化益生菌应用效果，发挥其最大功效也是亟须进行的一项重要工作。更应注意改变以往偏重于产生抑菌物质、使用效果单一的菌株选择，利用生物工程技术构建具有某些特性的新菌株用于研究和生产也是今后可以参考的发展方向和思路。

四、多糖在鲑鳟鱼养殖中的应用

随着我国水产养殖集约化和规模化程度的不断提高，养殖水域的污染日益严重，养水产动物对病源微生物易感性增强，各类细菌病、病毒病频繁发生，严重地阻碍了水产养殖业的健康发展。抗生素及其他化学药物的过度使用，对生态环境和水生动物造成了严重的负面影响，如动物组织中药物的残留、水体微生物区系生态平衡的破坏、抗药性菌株的产生等。

面对病害与药物之间的选择一直是水产养殖业关注的话题，对于低毒、高效、无残留的免疫增强剂的筛选成为关注的焦点。

多糖是由十个以上分子的单糖以糖苷键结合的具有生物学活性的天然大分子化合物。按照来源可分为植物多糖、动物多糖、海藻多糖和微生物多糖，其中微生物多糖又可分为真菌多糖和细菌多糖。多糖作为一种具有广泛生理与药理功能的天然活性物质，主要通过增强非特异性免疫应答而发挥作用，如调节肠道微生物群落结构，促进补体、溶菌酶、凝聚素、巨噬细胞活化因子和干扰素等的合成，还可以活化巨噬细胞、非特异性细胞、嗜中性粒细胞的吞噬杀菌功能。此外，多糖还可作用于水产动物的免疫系统，增强机体对细菌、真菌、病毒及寄生虫的抵抗力。可见，多糖不仅可显著促进水产动物的健康生长，还能促进机体免疫功能、增强机体抗病能力、应激能力等功能，而且多糖的生产成本低廉、绿色安全，非常有利于精益化水产养殖业的可持续发展，是一种药效与生态效益兼备的免疫增强剂，在现代水产养殖中具有广阔的应用前景。

（一）多糖对鲑鳟鱼的免疫调节作用

鱼类免疫系统是由免疫器官和组织、免疫细胞和免疫分子组成，是机体执行免疫应答和免疫功能的组织系统。多糖不仅能够强化淋巴细胞的活性，增加水产动物的巨噬细胞含量，还能改善免疫分子的活性，实现有效的细胞免疫。细胞的吞噬能力是鱼类非特异性免疫功能的重要指标之一，当病原体侵入时，白细胞通过胞吞作用吞噬异物来增强机体的免疫活性。研究发现，香菇多糖和昆布多糖均可不同程度上增强大西洋鲑巨噬细胞的吞噬能力，从而强化机体的免疫活性。香菇多糖还能通过诱导哲罗鲑机体干扰素的生成而发挥其免疫调节作用。有研究报道，在饲料中添加 β-葡聚糖可明显提高虹鳟白细胞的数量，进而显著提高机体白细胞吞噬活性。在体液免疫方面，有研究表明饲料中添加酵母多糖能显著提高赤眼鳟的补体C3 水平、白细胞吞噬活性、红细胞的免疫功能，进而避免出现微生物感染，提高水产动物的病原体消除能力，从整体提升水产动物的抵抗力。

（二）多糖对鲑鳟鱼的抗病毒作用

多糖能够不同程度地抑制病毒的致细胞病变作用；较好地阻断和抑制病毒对细胞的作用，降低病毒引起的细胞凋亡，并抑制病毒的繁殖。研究报道，香菇多糖在体外具有显著的抑制鲑鳟传染性造血器官坏死病毒复制与感染的作用，可通过阻碍病毒吸附，抑制感染细胞内病毒的复制而起到抗病毒的作用。早期的研究也发现饲喂β-葡聚糖的虹鳟在感染坏死病病毒后有较高的成活率，表明 β-葡聚糖在一定程度上能提高虹鳟的抗病毒能力。

（三）多糖对鲑鳟鱼的抗菌作用

一方面，多糖是通过激活机体免疫功能，如提高巨噬细胞、自然杀伤细胞活性、促进抗体产生、激活补体系统等而发挥其抗细菌作用。另一方面，多糖还能通过选择性促进动物肠道有益菌如双歧杆菌、乳酸杆菌等的大量增殖，直接抑制肠道固有有害菌和外源菌的生长,并通过促进抗生素等因子合成以及分泌脂肪酸降低肠道 pH，从而发挥正常肠道菌群在屏障、营养和免疫上的正常功能。经注射和浸泡壳聚糖溶液后的美洲红点鲑对人工感染杀鲑气单胞菌的抵抗力显著增强。在饲料中添加 β-葡聚糖能显著提高感染杀鲑气单胞菌的虹鳟的存活率，并有效减弱细菌感染引起的机体应激反应。而从酵母菌中提取的 β-葡聚糖能增强大西洋鲑对灭鲑气单胞菌、鳗弧菌和鲁氏耶尔森菌感染的抵抗力。

（四）多糖对鲑鳟鱼的抗氧化作用

动物机体在生命活动中发生氧化反应，不断产生自由基，当动物机体内自由基与脂质过氧化物的水平超过其自身承受能力，就会造成组织和细胞的氧化损伤。多糖具有提高机体的抗氧化酶活性，增强清除自由基，减缓脂质过氧化的功能。研究发现，饲料中添加酵母多糖可显著提高赤眼鳟机体抗氧化酶活性。而饲喂香菇多糖可显著减少哲罗鲑机体脂质过氧化产物丙二醛（MDA）的生成量，增加超氧化物歧化酶（SOD）、谷胱甘肽过氧化物酶（GS-HPx）的活性。

五、鲑鳟鱼细菌性疾病的噬菌体治疗

鲑鳟鱼养殖过程中预防比治疗要重要，但由于鱼的生存环境复杂且易受外界因素的影响，加之规模化养殖中鱼的密度加大，细菌性疾病的发生很难避免。目前我国鲑鳟鱼细菌性疾病的防治对抗生素和化学药物依赖程度较大，且渔民用药多是凭经验估计，不仅产生了多重耐药性菌株，也易引发食品安全问题。

细菌在自然环境中并不是独孤求败，有一种专门依赖细菌生存的病毒即噬菌体就是细菌的强力对手。噬菌体是能够感染细菌的病毒，是地球上含量最丰富的微生物，据估算其总量达 10^{31} 个数量级。噬菌体又分为烈性噬菌体和温和噬菌体。其中烈性噬菌体复制产生子代的过程中将导致细菌的裂解和死亡。噬菌体最早由英国病理学家 Frederick Twort 和加拿大微生物学家 Félix d’Hérelle 发现，之后 Félix d’Hérelle 首次尝试用噬菌体治疗人类的细菌性疾病。这些早期实验取得了惊喜的结果，但也因缺乏合理的对照实验而受到置疑。

加之广谱抗生素的发现和大量应用，噬菌体的治疗研究仅在除美国外的苏联、东欧和法国继续进行。20 世纪 80 年代，抗生素的滥用出现了多重耐药菌，噬菌体作为抗生素的替代疗法又重新走入大众视野。

与抗生素相比，噬菌体治疗细菌病主要有以下优势。

（1）能杀灭耐药菌。噬菌体通过“感染—繁殖—裂解”循环周期杀灭细菌，与细菌是否耐药无关。

（2）特异性强，对除致病菌外的其他细菌无杀伤，对机体正常菌群基本无影响，且不会导致细菌产生抗药性。

（3）低毒、对环境影响小。噬菌体基本不引起强烈的机体反应，噬菌体杀灭宿主菌后，可在环境中自行消失。

（4）噬菌体分离快速、成本低廉，噬菌体分布广泛且通常与细菌相伴存在，用宿主菌为诱饵可在水环境、土壤和动物体内进行目标噬菌体的快速分离。

（5）接种途径多样，可通过口服、气雾、浸泡和注射等方式给药。这种“以彼之道、借力打力”的方法对鲑鳟鱼的健康养殖中细菌性疾病治疗这一环来说再合适不过。

那么噬菌体怎么用来治疗鲑鳟鱼细菌性疾病呢？笔者在这方面也做出了尝试，在水体中分离到了嗜水气单胞菌的噬菌体，纯化后将这种噬菌体对已经感染的鱼进行了治疗，发现噬菌体治疗后鱼的临床症状消失了、体内的细菌数量变少了、器官的损伤也恢复了、炎症反应也减弱了，更为主要的是与没有经过治疗的患病鱼相比，噬菌体治疗后的鱼死亡数明显减少，采用注射、投喂和浸泡噬菌体都可以实现这种治疗效果，所以噬菌体可直接用来治疗患病的鱼。由于细菌不会乖乖地等待噬菌体来杀死，所以也会想尽办法来逃脱，这时候我们就需要多积攒一些噬菌体，将不同来源的噬菌体进行组合应用。另一方面，我们也可以在弄清噬菌体是如何杀死细菌之后，寻找噬菌体具有裂解活性的成分来杀灭细菌（主要包括穿孔素和裂解酶）。

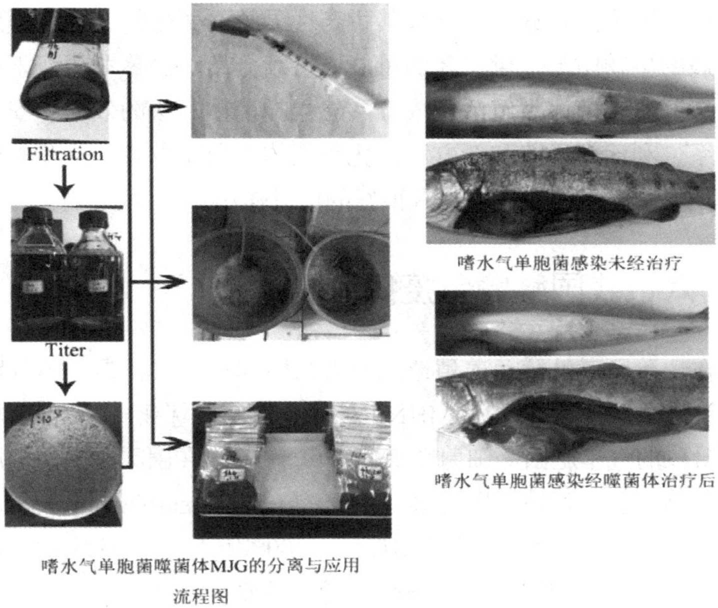

图 6-11　噬菌体治疗鲑鳟鱼细菌性感染的范例

虽然噬菌体可直接杀死细菌，与细菌耐药性无关，也不影机体正常的菌群结构，具有良好的应用前景，但用噬菌体治疗鲑鳟鱼细菌病仍面临着一些挑战。

（1）细菌和噬菌体虽然作为对手，但常伴而行，相互博弈。一种噬菌体仅能感染同一种细菌中的几个，甚至仅能感染一株细菌。为了防止噬菌体失效，需要有足够多的噬菌体，来避免细菌逃脱，治疗失败。

（2）从理论上来讲噬菌体只针对致病性细菌，也有噬菌体的临床治疗评价也是安全的，但作为一种外源微生物，需要有一套标准的临床审批和评价体系来保证噬菌体的后续应用。因为蛋白类生物制品整个流程和审批较为成熟，所以我们仅制备具有裂解活性的裂解酶和穿孔素来应用也不失为是一个好的方向。

噬菌体为可杀灭细菌且与其耐药性无关的微生物，为鲑鳟细菌性疾病的生物防治提供了新的可能。持续分离和保藏背景清晰的噬菌体、分离噬菌体裂解活性成分、建立噬菌体疗法的效果和安全评价体系，利用新思路和新方法优化噬菌体的使用方式，这些工作对鲑鳟鱼健康养殖的发展将具有很好的促进作用。

六、我国鲑鳟鱼疫病监测体系

在现阶段对鲑鳟鱼养殖造成重大威胁的疫病主要是：苗种阶段的传染性造血器官坏死病（IHN）、传染性胰脏坏死病（IPN）等；成鱼阶段的气单胞菌等细菌性疾病。由于 IHN 在国际和国内的严重负面影响，世界动物卫生组织（Office International Des Epizootles，OIE）将其列为必须申报的动物疫病。2008 年 11 月农业农村部发布的《一、二、三类动物疫病病种名录》（农业部公告第 1125 号）中，IHN 被列为二类动物疫病。

（一）鱼类产地检疫规程

在 2011 农业农村部年制定的《关于印发<鱼类产地检疫规程（试行）>等 3 个规程的通知》中，将 IHN 列为鱼类产地检疫对象，并规定了检疫范围、检疫合格标准、检疫程序、检疫结果处理和检疫记录等内容。2020 年，农业农村部将水产苗种产地检疫试点在全国全面铺开，并总结各地实施水产苗种产地检疫制度情况，研究推进实施检疫制度的工作思路，大力宣传苗种产地检疫的重要性和相关知识。

（二）国家水生动物疫病监测计划

为及时掌握水生动物疫病隐患、疫情动态和疫病流行规律，增强重大水生动物疫情预警预报能力，根据《中华人民共和国动物防疫法》的有关规定，农业农村部制定了《国家水生动物疫病监测计划》（以下简称《国家监测计划》），并自2011年起，将IHN列入到《国家监测计划》中，在鲑鳟鱼主养区对IHN实施主动监测，开展流行病学调查及风险评估，监测对象主要为鳟（虹鳟和金鳟）和鲑。同时在制定的"《国家水生动物疫病监测计划》技术规范（第一版）"规定了鲑鳟鱼采样要求、监测阳性场处置、实验室检测及结果报告等内容。截止至2020年，IHN监测省份已从河北、辽宁、甘肃等3个省份扩大到北京、河北、辽宁、吉林、黑龙江等13个省份。监测点设置包括国家级水产原、良种场（简称国家级原良种场）、省级水产原、良种场（简称省级原良种场）、重点苗种场、引育种中心、成鱼养殖场。

（三）水产养殖病情测报

全国水产技术推广总站自2000年以来在全国组织开展水产养殖病情测报工作，对水产养殖疾病发生情况进行监测，并结合生产实际和历史监测资料进行分析，对疾病未来发生及危害趋势做出预报，其中就有对主要养殖区域鲑鳟鱼疾病发生情况的监测和预警。自2012年开通并运行全国水生动物疾病远程辅助诊断服务网（以下简称"鱼病远诊网"），并于2020年进行升级改版，及时为基层养殖户、水产技术人员提供自助诊断、远程诊断等技术服务，有效缓解了基层渔民"看鱼病难"的问题。

现阶段，各地对发生IHN或检出IHNV养殖场采取的措施，主要是对鱼池采用化学药物消毒已经投喂各种药物进行治疗，效果较差。应注意到，在我国现有技术能力下，苗种产地检疫应是目前防控 IHN 主要的有效方式，控制的主要手段。今后应加强对苗种场的监管和检疫，防止带病鱼苗和鱼卵的传播。

七、鲑鳟鱼传染性疾病绿色防控展望

结合我国目前鲑鳟鱼类养殖现状，要从根本上解决病害问题应从以下几个方面共同着手。

（一）提高科学养殖及健康环保意识

人类在改造自然、建立美好舒适家园的历程中，对自然界产生了许多影响，特别是某些为了追求短期的效果和利益的行为严重破坏了自然界的整体平衡状态，带来巨大的、不可逆性的伤害和灾难。

我国鲑鳟鱼类养殖业起步较晚又发展迅速，导致部分养殖业者及从业人员相关养殖理念、知识及技术储备不够，根底较浅，为了追求高额的利润和短期效益，不能严格控制引种和水质问题，不能合理控制养殖密度，并伴有投饲劣质饲料及滥用药等现象，既对养殖环境造成了污染和损害，引发了疾病的大规模爆发，加大了病害控制难度，也严重影响了我国鲑鳟鱼养殖业的健康蓬勃发展。

因此，提高养殖业者及相关人员的科学养殖及健康环保意识，确保养殖环境的优良和稳定是保障我国鲑鳟鱼类养殖业长期健康发展的必要条件之一。

（二）加强良种选育工作，加快优良家系养殖步伐

随着自然界和生物界平衡的打破，各类生物机构也随之产生变

异，一些优良性状会衰退或消失。通过几十年来对经济鱼类，特别是鲑鳟鱼类选育技术的研究和总结，家系选育技术是最实际和有效的保持鱼种优良性状以适应环境变化的方法。在养殖环境日渐恶化、养殖条件萎缩枯竭的情况下，筛选良种及优良家系对产业发展有着不可替代的重要意义。

美国、挪威、芬兰等鲑鳟鱼类养殖大国从 20 世纪 30 年代已经开始家系选育工作，并于 90 年代获得了优良、稳定的良种家系。而我国鲑鳟鱼类家系选育技术目前还在发展阶段，如何借鉴在这一领域研究和开发利用均处于世界领先地位国家的经验，以数量遗传学为基础，建立健全我国鲑鳟鱼良种选育及家系养殖历程，选育能适应环境变化，具有较强抗性及生长特性的良种和家系也是我国鲑鳟鱼类养殖产业发展中不可或缺的一环。同时，实现产、孵、育、养一条龙的完整技术体系，也是控制疾病暴发、流行，实施实时监测，建立行之有效的预警系统，将病害防控变被动为主动的先决条件。

（三）研发优质高效饲料，优化能量结构

随着产业的快速发展，研发优质高效饲料，提高能量利用率，降低消耗，减少氨氮排放量，确保优质的养殖环境及水生态系统平衡也开始成为我国鲑鳟鱼类养殖业所要面对的重要问题之一。

20 世纪 80 年代，欧美等国已开始通过替代部分蛋白质的方法来解决这一问题，而我国鲑鳟鱼的饲料研究较少，且加工业相对落后，高能量饲料主要依赖进口这一现象，严重制约了产业发展，并对环境造成了极大隐患，水质的改变往往是病害发生的重要诱因。因此，在养殖过程中进行科学合理的能量分配，遵循低耗、高产、减排、安全无残留的原则，研发适合我国养殖现状的优质饲料，在满足养殖要求的情况下，因地制宜，就地取材，辅以免疫增强剂、饲料添加剂等提高鱼体免疫力和抗应激能力，促进代谢及生长，在创造巨

大经济效益的同时，也有望成为未来水产动物病害防治的一个新手段。

（四）合理用药，积极加强免疫防控

药物在我国鲑鳟鱼类病害防治中发挥了重要作用，但是大量抗生素、高残留化学药物的使用，导致水产品质量安全问题尤为突出，严重影响产业发展。同时，病原菌耐药性的产生也为病害防控的有效开展带来极大阻碍。

积极完善病害诊断及早期预测技术，建立病原早期快速检测试剂盒以及基于底栖原生动物和浮游生物多样性为指标的病害生态预警技术，控制病原的传播，从而减少药物的使用。同时，开发新型绿色渔药及新剂型，开展药物相关代谢动力学研究，制定药物安全使用规范，科学、合理、规范使用药物。

特别是应加强疫苗、免疫增强剂以及培育抗病新品种或家系的工作，提高鱼体抵抗力和基础抗病水平，这才是切实减少用药，保障我国鲑鳟鱼类健康养殖行之有效的方法。

（五）建立数字化精准立体病害防控体系

目前，水产动物养殖管理、产业动态、信息交流及病害防控工作已全面进入数字化信息时代，建立数字化的、精准的、多方位立体防控体系已成为鲑鳟鱼类养殖病害防控的研究热点。

一方面建立病原、生态因子监测等组合成的预警功能体系；另一方面由疫苗、免疫增强剂等系列产品及其配套技术并结合抗病品种、低污染高能饲料应用等组合成控制功能体系；同时，建立信息储存及专家分析库；构建具有病害早期预警、信息共享发布、综合分析控制方案、技术产品优化推荐、效果反馈分析及功能库时时更新提示等计算机识别监控技术系统。

总而言之，我国鲑鳟鱼养殖产业的快速发展必将面临多种多样的挑战和考验，而病害防控技术作为其最严峻的问题之一，势必不是靠一两个人、一两种技术方法可以解决的。提高养殖及技术人员素质和意识，有机整合养殖环境、良种选育、营养供给、科学用药和技术人员优势，将为鲑鳟鱼养殖产业的健康发展提供有力保障和支撑。

第七章　虹鳟鱼优良品质的形成及控制技术

俗语有“鱼之味，乃百味之味，吃了鱼，百味无味”，水产品营养价值高、味道鲜美，现已成为居民合理膳食中摄取优质动物性蛋白的重要来源。我国是渔业生产大国，2019 年全国水产品总产量 6480.36 万吨，其中淡水鱼产量为 3197.87 万吨，就淡水鱼而言，具有很高经济价值的冷水性鱼类如虹鳟等鲑科鱼类由于其肉质鲜嫩、风味独特、无肌间刺、易消化吸收等特点深受消费者青睐。鲑科鱼类生活在清凉、流动、无污染的水域当中，对生存水质的特殊要求决定了其绿色、环保的品质，在优质水产品养殖中，鲑科鱼类是最具代表性的产业之一。世界鲑鳟鱼养殖已经有 200 多年的历史，养殖对象以虹鳟和大西洋鲑（俗称三文鱼）为主，虹鳟是 FAO 向世界各地推荐的四大优良淡水养殖品种之一，在国际上一直被列为名贵鱼类。

一、我国虹鳟从何而来

虹鳟（*oncorhynchus mykiss*）属鲑形目、鲑科、鲑属，由于其鱼身优美匀称，从鳃盖起在身体的一侧有一条清晰的彩虹样侧线带，因此被命名为“虹鳟”。虹鳟原产自北美洲太平洋沿岸美国加州山涧中，喜栖息于清澈无污染的冷水中，以食鱼虾为主。目前有近百个国家养殖虹鳟，其中以美国、日本、法国、意大利和丹麦最盛行。我国虹鳟养殖从 1959 年开始，朝鲜金日成主席访问我国时将 6000 尾虹鳟当年鱼种和 50 万粒虹鳟发眼卵赠送给周总理而传入我国，经过 60 多年的引进驯养，现已成为我国主要淡水养殖鱼类之一。

二、虹鳟的优良品质有哪些

1. 虹鳟被誉为“天然的绿色食品”

这是人们对虹鳟的盛赞。虹鳟产业在我国能够迅速发展，原因之一便是消费者看中其“绿色”特质。虹鳟的原始生活环境为山涧溪流，生存环境水质好，自然水域水温低，水中溶解氧高。在长期生存与进化的过程中，虹鳟不仅喜栖于低温、溶解氧高的水域，对水质的要求也高于一般的鱼类，需要水体无污染、清澈透明，略有污染即无法存活。养殖的虹鳟多采用流水或微流水形式，因此水中的杂物、排泄物以及一些异物都会很快被冲走。虹鳟耐低氧能力差，需要水体中溶氧量必须达到 6mg/L 以上，在高溶氧量的水体内，即使含有少量杂物、异物和排泄物，一般也不会发生厌氧分解，从而抑制了有毒有害物质的生成，降低了有毒物质的含量。在优质水体环境下生活的虹鳟，“天然的绿色食品”乃实至名归。

2. 虹鳟良好的食用品质从何而来

虹鳟作为一种典型的淡水冷水性鱼类，其生活的极限温度为 0℃和 30℃，适宜生活温度为 12 ~ 18℃，最适温度为 16 ~ 18℃，当温度低于 8℃或者高于 20℃时，便食欲减退，生长缓慢。大多数鱼类生长的适宜水温在 22 ~ 32℃，虹鳟的死亡上限水温几乎是多数鱼类适宜生长的起始温度。从生物学角度讲，在低温环境下生长发育的物种，其食用品质一般会高于在高温环境下生长的物种。另外，生活在低水温区域的虹鳟必须通过累积更多的脂肪来抵御低水温，尤其到了冬季，它们觅食相对减少，需要更多的脂肪来安全越冬，所以虹鳟的脂肪含量相对于其他鱼类要高，保证了其肉质鲜嫩、有弹性，增加了其食用价值。

虹鳟是肉食性鱼类，典型的有胃类。虹鳟的胃与高等动物一样，可以分泌盐酸和胃蛋白酶，具有较强的消化功能，通过胃它们能很好地感受到“饱”，会使它们的饮食有节制。虹鳟还有发达的肝脏，能分泌多种消化液，使得虹鳟可以大量的消化和利用脂肪类物质，增加其自身的营养价值。

在养殖鱼类中，虹鳟属于生长较为缓慢的品种，多数鱼类的生长速度远远超过虹鳟。虹鳟生性喜欢逆流而动，相比其他鱼类虹鳟更需要丰富的水量。在水流的刺激下，其必须保持不断的运动以免顺流而下，在运动的同时就加速了体内物质的代谢活动，剧烈的运动、频繁的活动使虹鳟肌肉纤维密集、肌肉紧实。虹鳟之所以肉质既脆又韧，具有良好的适口性，就是因其游动速度快，加之长期逆水活动，生长较慢的缘故。同时，大流量的水流使得虹鳟在呼吸中不断的接触到新鲜的水，可以获得更多的微量元素，增加了其商品价值。

3. 虹鳟被誉为“水中人参”

“蛋白质”是由荷兰化学家 Gerhardus Joh 首先提出，原意为“名列第一”。他认为蛋白质作为生命物质的基础是生命之本、健康之基、力量之源。虹鳟不仅具有高蛋白的营养特性，而且还富含人体所需的氨基酸，其中必需氨基酸含量符合 FAO/WHO（1973）提出的均衡模式，种类齐全，这说明虹鳟肌肉中的蛋白质属于优质蛋白。经烹饪后虹鳟蛋白松软，肌肉无肌间刺，易被人体消化吸收，非常适合儿童、老人和体弱者食用。虹鳟中的高度不饱和脂肪酸特别是二十二碳六烯酸 DHA 和二十碳五烯酸 EPA 含量也非常高，其对软化心脑血管，提高人体免疫力，促进大脑发育等都具有很好的作用。国际社会营养学专家指出，每日摄取 500mg 的 EPA 和 DHA 能有效地预防冠心病。虹鳟肉的亚油酸又称“美肌酸”，具有保持人体微血管正常通透性及保持皮肤免遭各种射线危害的重要作用。虹鳟不仅主要营养成分比一般淡水鱼高，还富含维生素 A、维生素 D、维生素 B_{12}，这些维生素的存在对保护视力，促进骨骼、牙齿和机体的生长发育等方面起着重要的作用。因此，虹鳟被誉为“水中人参”。

4. “国产鲑鳟鱼”用实力获得大众认可

虹鳟主要产自北美洲；大西洋鲑属于海水鱼类，虹鳟属于淡水鱼类，由此可见两者区别很大。鲑鳟鱼也分野生鱼和养殖鱼两大类。野生鲑鳟鱼因其稀有、价格昂贵，非常罕见。在国内餐桌上的鲑鳟鱼多数都是养殖的。养殖主产国除挪威与智利外，新西兰、加拿大、美国阿拉斯加等都是鲑鳟鱼养殖的主要国家。目前市面上的鲑鳟鱼可以分为两大类：一类为进口高档鲑鳟鱼，另外一类就是国产虹鳟。虹鳟之所以能迅速打开国内市场其主要原因有以下三个方面：

（1）我国每年从国外进口的冰鲜鲑鳟鱼数量有限，远远满足不了国内市场的需求，再加上物以稀为贵，进口鲑鳟鱼价格昂贵。而国内虹鳟的养殖产业已迅速地成长起来，养殖技术完善，再加上很多高寒地区以特色冷水性鱼类带动乡村经济建设，养殖成本较小，还节省了从国外运输的成本和运输过程中的质量损失，国内虹鳟价格远低于进口鲑鳟鱼的价格，是人人能吃得起的经济性鱼类，具有很高的性价比。

（2）虹鳟的肉色与进口大西洋鲑相仿，常被制作成生鱼片，其他的鱼切成薄片很容易碎，而虹鳟鱼片却能有良好的完整度，并且口感细腻，味道同样鲜美。

（3）无论是虹鳟还是进口大西洋鲑均含有丰富的蛋白质和不饱和脂肪酸，都具有健脾益胃、补脑健脑、美容养颜的功效，食用价值和保健价值同样很高。

5. 虹鳟肌肉颜色如何变身

从消费者的角度，鱼肉的色泽是最直观、最先导的感受印象，是决定市场价值的重要属性，多数鱼类以白色、有光泽为上乘佳品，而虹鳟橙红的肉色较受到消费者的青睐，这是受到进口三文鱼或金枪鱼的影响。虹鳟在养殖过程中常常通过添加外源性虾青素的方式来改善肌肉色泽。虾青素、角黄素等类胡萝卜素的沉积是虹鳟肌肉呈现橙红色的主要成因。通常在上市前 3 个月开始投喂含有虾青素的饲料，当色度值达到 28 ~ 31 度时出售。天然的虾青素不仅仅具有着色作用，对鱼体的生长发育、减少疾病和提高鱼肉的品质及口感都起着决定性的作用。当肌肉暴露于空气中时肉质裸露面会受到一定程度的氧化，致使肌肉表面水分挥发，若肌肉中存在虾青素、维生素 E 等抗氧化物质时，可以减轻细胞膜的氧化程度，增强肌肉系水力。

另外，Johnston 等对大西洋鲑实验研究发现肌肉纤维与鱼肉的性状及肉色密切相关，虹鳟喜逆流而动，不断的运动会增加肌纤维的直径，提升肌肉品质，改善鱼肉色泽，即使不添加虾青素等物质，本身的肉质也具有良好的光泽度。

三、鲜活虹鳟的运输

虹鳟是一种耗氧量大，对水质要求比较严格的鱼类，长途运输不易成活。在运输过程中应注意以下几个关键技术环节。

（1）水温：包装前的水温是可以调节的，虹鳟最适温度为 0 ~ 5℃，如水温较高时，就要在运输容器内外加冰降温。

（2）时间：运输时间最好选择在傍晚装车、夜间运行。延续时间控制在 10h 之内，超时需要及时换水、防止水体变质对鱼体产生危害。

（3）密度：运输密度要小，尤其是亲鱼的运输。虹鳟的耗氧量会随着环境条件的变化而变化，在 5℃静止、黑暗空腹状态下，成鱼的耗氧量为 40～70mg/(kg·h)，成鱼的运输密度以 200kg/m^3 为宜。

（4）设备：根据实际需要选用合适的运输车、装鱼箱和充氧设备。装鱼箱的大小应与车辆相符，最好有透视窗可以观察鱼体的活动情况和充氧情况，最后完成设备的检查，打开充氧设备，检查氧气是否畅通。

（5）其他方面注意事项：①起运前虹鳟应停食 2～3 天，进行 2～3 次的拉网锻炼。使鲜活虹鳟处于空腹状态，可减少运输过程中排泄物的排出量和降低运输过程中的耗氧量。②鱼体在装卸过程中要带水操作，轻装轻放，避免碰伤，鱼体在入池前要用 5%食盐水浸洗 5min。③在运输途中如需向水箱加投冰块降温时，应少量分次加入，避免因温差过大，影响鱼体成活率。④当到达目的地后要根据当地的气温、水温情况，看是否需要调水，一定要避免温差过大。

四、鲜活虹鳟如何保鲜

水产品水分含量高、内源酶活性强极易在运输途中发生变质。水产品的腐败变质给水产行业带来巨大的经济损失，且内在和外在因素导致的水产品品质的下降都是累积而不可逆的，因此保鲜和质量控制理念应贯穿于整个贮藏、运输过程中。

目前用于水产品的保鲜方法有很多，如低温保鲜、化学保鲜、气调保鲜、生物保鲜、辐照保鲜及超高压保鲜等。除此之外，还有通过加入盐、糖、蒜以及利用熏烟产生的化学物质，或通过脱水来保持水产品品质的措施，常见的如盐腌、醋渍、烟熏和干制等保鲜技术。水产品的保鲜方法的选取主要需要满足两个方面：能有效地抑制腐败微生物的繁殖和组织的自溶作用，降低产品营养成分的流失；适用于大批量水产品的生产和运输。低温保鲜是目前使用最广泛最安全也是最有效的一种保鲜手段，可分为冷藏保鲜（冰藏保鲜、冷海水保鲜、冰温保鲜、微冻保鲜）和冷冻保鲜。

冰藏保鲜是以冰作为保藏介质给鱼体降温，保鲜的对象一般是刚刚捞出的新鲜度比较好的虹鳟。鱼与冰的使用比例一般为 1：1 或者 2：1。冰藏保鲜是世界历史上使用时间最长的传统保鲜方法。用冰降温对人体无毒无害，价格实惠，并且融化了的水还可以洗去鱼体表面的污物，也可以使鱼体表面湿润，避免发生表面干燥的现象。

冷海水保鲜是把水产品保藏在-1～0℃的冷海水中，从而达到贮藏保鲜的目的，比较适合于活动能力强的红肉鱼，虽然操作简单，鱼体冷却速度快，但是会使鱼体膨胀，鱼肉略咸。

冰温保鲜是在 20 世纪 70 年代初期日本的山根昭美博士发现的，是将鱼放置在 0℃以下至冻结点之间的温度带进行保藏的一种方法，可以很好地保持其原有的色、香、味和口感，延长其货架期，但对温度管理的要求非常严格，应用有局限性。

微冻保鲜是将虹鳟保藏在其细胞汁液冻结温度以下的一种轻度冷冻的保鲜方法，分为三种类型：加冰或冰盐微冻、吹风冷却微冻、低温盐水微冻。该方法具有保鲜期长，无须深度解冻，能降低汁液损失与可溶性蛋白流出的优点，同时结合保鲜剂能够最大限度地延长鱼肉的货架期并保证其品质。日本在加工、分配和销售方面以虹鳟为研究对象采用微冻保鲜技术，发现细菌的活动和蛋白质的腐败都显著降低，虹鳟在 10 天后仍然新鲜。微冻保鲜在应用过程中对技术的要求很高，对温度也有严格的控制要求。

冻藏保鲜是将鱼体的温度降低至-18℃以下，并在-18℃以下的低温进行贮藏。根据冻结方式的不同可以分为：空气冻结、盐水浸渍、平板冻结和单体冻结 4 种方式。水产品在冻结的过程中，水分活度会降低，微生物无法利用营养物质进行生理活动，生物、化学反应都会受到抑制，从而阻止了鱼体的腐败变质现象，在冻藏的情况下水产品可以得到长时间的保藏。但在冻藏期间随着温度的波动，以及氧气的作用，如干耗、蛋白质变性、脂类氧化等现象仍然会随着时间的延长而缓慢的发生，肉的品质和风味都会有影响。

解冻是冷冻食品在食用前必须经过的一种方式。按解冻方式的不同可以分为空气解冻、水解冻、水蒸气凝结解冻、电解冻（低频解冻、微波解冻、高压静电解冻）、高压解冻等。其中空气解冻和水解冻是我们日常生活中常用的一种解冻方式。空气解冻也是最经济方便的一种解冻方法，但因空气传热效率低，因此解冻时间较长。可通过改变空气的温度、相对湿度以及风向等条件完成解冻工艺；水解冻可以加快解冻速度，也避免了重量损失，但由于与水直接接触不仅有受到污染的可能，也会有切面的物质被浸出，因此水解冻比较适合整条鱼的解冻，或是通过封口袋的隔离既达到解冻的目的，又避免了污染和损失。

采用冷藏保鲜技术能够使鱼体内的酶和微生物的活动受到一定程度的抑制，只能用作短期贮藏。冻藏保鲜适合有长时间贮藏需求的一种保鲜方式，但贮藏不当和时间过长会产生干耗等现象，消费者或运输者可根据自身需求选择适合的保鲜方式和解冻方式。

五、为完善虹鳟质量控制，确保其绿色、安全的食用品质，我们需要做些什么

虹鳟深受大家的喜爱，现已成为部分地区的特色产业，不仅可以带动经济发展，还形成了颇具特色的冷水性鱼类文化。近年来仍有部分地区存在滥用孔雀石绿的情况出现，依据农业农村部公告第 250 号，水产养殖用药明白纸 2020 年 1 号中明确规定孔雀石绿为动物食品中禁止使用的药品。孔雀石绿原本作为一种三苯甲烷类染料用在制陶业、纺织业、皮革业等。因其具有良好的抗菌杀虫作用，

曾被广泛应用于预防与治疗水产动物的水霉病。研究表明，孔雀石绿因其高残留特性对人体和哺乳动物的机体有严重的“三致”影响。孔雀石绿在进入人体后首先代谢成脂溶性的无色孔雀石绿，在血小板生成素（TPO）催化作用下生成与致癌芳香胺结构类似的初级和次级胺代谢产物，对人体具有致畸致癌致突变的健康风险。禁用药物的检出对整个地区虹鳟产业发展非常不利，不仅给行业带来经济损失，也增加了消费者的健康安全隐患，水产品安全问题仍需要得到我们的重视。怎样不让有害水产品游上我们的餐桌，需要养殖者、加工者、运输者、销售者、消费者以及政府部门等全社会积极配合，共同努力。

（1）加强虹鳟养殖环境的管理。从源头上减少工农业及生活用水排污，减少周围环境对养殖水的污染，对养殖的水源水质要进行长期的监测，规范池塘的清污操作，改善池塘环境。

（2）规范养殖户科学管理。鼓励专业技术人员到养殖场地对养殖户进行技术指导，规范对工业消毒剂、鱼饲料、渔药的合理使用。将水产养殖用药明白纸下发至每一个养殖户手中，让养殖户了解哪些属于违禁药品及违禁药品的危害。

（3）加强渔用投入品的安全隐患排查。国家需增加投入品监测力度，以养殖场为主，销售点为辅，对有代表性的投入品进行排查，对检测结果进行公示，鼓励养殖户选择安全有效的投入品，从源头上制止违禁药物的使用。

（4）在加工、贮存、运输及销售的过程中加强质量安全监测管理。建立符合国际要求的水产品质量安全体系，实现从原材料到加工、贮存、运输再到销售全过程安全与质量控制，建立产品可追溯机制，在水产品出现问题时能够迅速锁定问题对象，查明问题根源并召回，确保水产品在各个环节的质量安全。引入水产品质量安全预警技术，预防为主，充分发挥各级质检中心对产品的质量监控作用，实施不定期抽检计划，完善相关的法律法规做到有奖有罚。

（5）高校及科研机构组织水产品安全知识培训，协助政府、媒体做好宣传。为从事虹鳟养殖、加工和流通的从业人员提供科学养殖、安全生产及产品质量安全控制的技能培训。此外，媒体要加大曝光力度，做到全民参与协助监督水产品的质量安全。

第八章　鲑鳟鱼的营养及食用

一、鲑鳟鱼的营养元素与人类健康

鱼类是人类非常重要的食物来源，约占全球人类消耗动物源蛋白总量的 16%，FAO 曾估算世界范围内近 10 亿的人口将鱼类作为他们的动物蛋白主要来源。自然条件下，鲑鳟鱼通常生活在水温不超过 20℃的清澈泉水或溪流中，属冷水性鱼类。鲑鳟鱼对水质的要求比较高，对水中的污染物非常敏感。波兰野生鲑鱼中心首席执行官 Guido Rahr 曾说过：鲑鳟鱼的存在，不仅仅是供我们食用，更是在告诉我们它所生活的这条河流的水质仍然健康。所以毫不夸张地说，鲑鳟鱼是名副其实的无公害绿色食品。

鲑鳟鱼具有无肌间刺、高不饱和脂肪酸和低胆固醇等特性，特别适合老人和儿童食用，是众多健康卫生机构如世界卫生组织、美国心脏协会等极力推崇的健康食品之一，也是我国目前主要养殖和消费的名优冷水性鱼类。

（一）人类的食物

我们的人体需要卡路里来提供能量，但脂肪、碳水化合物、蛋白和微量元素（维生素、矿物质）也需要处于正确的平衡状态。身体需要摄入多少食物与个人体重和代谢有关，《美国居民膳食指南》建议人类从食物中获取的能量有 45%~65%来自碳水化合物、20%~35%来自脂肪、10%~35%来自蛋白质。中国居民平衡膳食宝塔（2016 版）指出，每天需要畜禽肉 40~75g、水产品 40~75g、蛋类

40~50g、蔬菜类300~500g、水果类200~350g。

猪、牛、羊和鱼等所有的肉类包含比例平衡的9种必需氨基酸，植物蛋白缺少1种或更多的必需氨基酸，而且植物蛋白的氨基酸比例一般不均衡，经常是有些氨基酸含量高、有些则含量低。这并不是说素食主义者无法获取人体必需的9种氨基酸，他们可以通过增加食物的种类来满足必需氨基酸的需求。对大多数人来说，吃肉是一种获取全部必需氨基酸的最简单的方式。但肉类也被分为健康和不健康两种，这与肉类中的脂肪含量有关，摄入等量的蛋白质，脂肪含量高的牛肉的卡路里就要比禽类和海鲜类要高得多。

时至今日，随着人们生活水平的提高，食物除了提供能量外，对人类健康的影响也被提升到一定的认识高度。“满足营养需求、促进健康、减少慢性疾病的风险”是《美国居民膳食指南（2020—2025）》中所给予的建议。食谱中不同种类食物的科学配比可避免一些严重疾病的发生（心脏病、中风和2型糖尿病）和罹患癌症风险。如果你感觉不舒服或体重超标，一份健康的食谱将会奏效。

健康食谱遵循的大致原则是蔬菜、水果和淀粉类食物在食谱上占大多数，其他由奶制品和蛋白类食谱组成，食品选择上应关注营养密度（即重要营养素与能量间的比例），要尽量选择能提供维生素、矿物质和其他对健康有利，但糖、饱和脂肪酸等含量较少或不含的食物和饮料。

（二）为什么说鲑鳟鱼是健康食品

1. 鲑鳟鱼肉品质好、营养元素均衡

鲑鳟鱼无肌间刺，肉质鱼油丰盈，口感结实饱满、爽滑，味道甘香、不油腻，可蒸、炒、炸、熏、烤，也可做成罐头或经处理后做寿司和生鱼片。

鲑鳟鱼肉热量低，且无糖分和碳水化合物，不仅为人类提供了优质的蛋白质来源，更是能够保证健康脂肪酸、维生素和矿物质微量元素的有效补充。

表 8-1　每 100g 常见鲑鳟鱼肉中所含的营养元素

宏量营养元素		维生素		矿物质元素	
热量	119~142	维生素 A	40~62 IU	磷	200.0~271.0 mg
碳水化合物	0g	维生素 B_1	0.1~0.2 mg	硒	12.6~36.5 mcg
纤维	0g	维生素 B_2	0.1~0.4 mg	钾	481~490 mg
糖分	0g	维生素 B_3	5.4~7.9 mg	镁	29.0~31.0 mg
脂肪	3.5~6.3 g	维生素 B_5	0.9~1.7 mg	锰	0~0.2 mg
饱和脂肪	0.7~1.0 g	维生素 B_6	0.4~0.8 mg	钙	12.0~67.0 mg
单不饱和脂肪	1.1~2.1 g	维生素 B_{12}	3.2~4.5 mcg	锌	0.6~1.1 mg
多不饱和脂肪	1.2~2.5 g	维生素 C	0~2.4 mg	铜	0.1~0.3 mg
Omega-3 脂肪酸	812~2018 mg	维生素 D	526~635 IU	铁	0.7~0.8 mg
Omega-6 脂肪酸	172~239 mg	叶酸	12.0~25.0 mcg	钠	31.0~44.0 mg
蛋白质	19.8~20.5 g				

2. 污染物蓄积非常低

汞污染是海产品食用安全的重要威胁，人类生产活动中所形成的汞进入大气层中，会随着降水落入海、淡水水域，不可避免地在水产品中形成蓄积。汞含量较高水产品的大量摄入会提升人类汞中毒的风险，从而危害人体，特别是引起神经系统的损伤。

鲑鳟鱼是人类食用鱼类和海产品中的优选，其中最主要原因之一就是污染物含量非常低。我国对水产动物及其制品中汞含量的限制为 0.5ppm，根据 1991~2008 年的数据记载，淡水鳟鱼中汞含量仅为 0.071ppm，而鲨鱼中的汞含量为 0.979ppm，同时研究也显示虹鳟中的镉、铅、有机氯等重金属和污染物的生物蓄积效应也极低。

3. 高营养密度

营养密度是指食品中以单位热量为基础所含重要营养素（维生素、矿物质和蛋白质）的浓度。一般来说，糖类和大豆油中热量较高，但却几乎无营养素，所以被认为是低营养密度。鲑鳟鱼的热量较低，且不含糖类，却富含蛋白质、维生素和多种矿物质元素，是典型的高营养密度型食品。鲑鳟鱼中的高蛋白质能提高人体的代谢水平，且有影响食欲类激素的作用，使人有饱腹感，鲑鳟鱼中的 Omega-3 对降低肝、腹部脂肪和减少体重也具有效果。

（三）鲑鳟鱼类营养元素对人类健康的益处

1. 保证人体必需脂肪酸的摄入

脂类物质是指能溶于有机溶剂而不溶于水的化合物总称，以三酰甘油为主，另外包括固醇、复脂、蜡和游离的有机酸。生活中常见的脂类有脂肪或油类。现在人们都注重身体健康和追求完美的体型，谈“脂”色变，但我们要知道脂类对人类维持身体正常的身体功能是非常重要的。脂肪有可被分为饱和脂肪、单不饱和脂肪和多不饱和脂肪，饱和脂肪通常存在于动物脂肪和乳汁中，虽然动物油脂烹饪过后非常香，也很解馋，但过多食用饱和脂肪酸不仅会导致肥胖，还会引起血液中的低密度脂蛋白和胆固醇升高，造成动脉粥样硬化，增加了冠心病和高血压等心脑血管疾病发生的风险。因此，健康专家都会建议多选择富含不饱和脂肪酸的食物，但不饱和脂肪酸主要来自植物油和坚果，多不饱和脂肪包括 Omega-3 脂肪酸和 Omega-6 脂肪酸。

提到 Omega-3 脂肪酸人们最容易想到的就是鲑鳟鱼和鱼油。因为 Omega-3 脂肪酸含量高是鲑鳟鱼肉的主要特点。Omega-3 脂肪酸（包括 DHA、EPA、DPA 和 ALA）是人体必需脂肪酸，无法自身合成，必须通过饮食进行补充。通常与 Omega-3 相比，许多人的血液中含有过多的 Omega-6，当这两种脂肪酸的平衡被打破后，人类患心脏疾病的风险就会上升。常规食物中 Omega-3 的含量比较低，鲑鳟鱼是人类有效摄入 Omega-3 的佳选。那么补充 Omega-3 脂肪酸到底有什么好处呢？DHA 被誉为人类大脑的“脑黄金”，不仅有助于大脑的发育，还对大脑的思维和记忆形成具有作用，妊娠期适当补充 DHA 将有助于胎儿的大脑发育，老人补充 DHA 还可预防阿尔茨海默病的发生。此外，DHA 还具有抗衰老、改善血液循环、降血脂、拮抗过敏反应和缓解炎症的诸多作用。虽然 DHA 的好处多多，但过量服用会增加消化负担，甚至造成免疫力低下，专家建议通过食用富含 DHA 的鱼类是一个很好的选择。虽然 Omega-3 脂肪酸的每日摄入量没有要求，但许多健康组织都建议成人每天摄入 250~500mg 的 EPA 和 DHA。EPA 和 DHA 已被证实具有改善动脉血管细胞功能、降血压、缓解炎症和降低患癌风险的功效。美国心脏协会提示，每周吃两次鱼是迈向更健康生活最简单和有效的措施。此外，EPA 和 DHA 对妊娠期女性也比较重要，DHA 有助于胎儿的大脑功能、视觉和神经系统的健康发育。美国临床营养杂志建议妊娠期女性每周食用 8~12 盎司的鱼类食品。据估算，每周吃两次鲑鳟鱼可满足我们日常对 Omega-3 脂肪酸的摄入需求。

2. 满足人体对优质蛋白的需求

蛋白质可被用于能量供给，但它更主要的作用是作为人体细胞的重要组成，特别是肌肉组织细胞。蛋白质由氨基酸组成，有 9 种氨基酸对维持我们人体组成功能非常重要，被认为是必需氨基酸。食物蛋白如果包含这 9 种全部的氨基酸就可被称为“完整蛋白”。FAO 建议体重（kg）与每天需要摄入蛋白（g）的比例应为 4：3（比如 80kg 的成年人需要每天摄入 60g 的蛋白）。蛋白质在人类生命体中具有诸多的作用，包括愈后恢复、保护骨健康、维持减肥或衰老过程中的肌肉质量。鱼类可提供优质蛋白，越来越多的研究也显示鱼源蛋白对促进人类代谢健康有很多好处。食物蛋白的营养指数受蛋白的原始结构、对酶消化的敏感性、加工过程中的化学改变、氨基酸组成和必需氨基酸的含量等几个因素的影响。一般来说，鱼类所提供的蛋白包含了所有的必需氨基酸，特别是赖氨酸和亮氨酸含量较高。鱼类等海鲜类产品蛋白的可消化性可达到 90%以上，所以鱼类中所含有的必需氨基酸是可被人类吸收利用的。鲑鳟鱼的蛋白质含量较高，研究表明，我们每餐中应该摄入 20~30g 的高质量蛋白质，恰好是食用 100g 鲑鳟鱼所摄取的量。

3. 富含人体必需的多种维生素

维生素又被称为维他命，故而言之，虽说不是用来构建人体抑或提供能量，但能够通过调节物质代谢来维持人体生命活动，对保护人类健康很重要。维生素在体内的含量不高，但却不可缺少，如果合成不足或补充不足会引起人体的代谢异常，甚至是疾病发生。由于人体内自身合成的维生素有限，维生素的缺乏或种类不均衡多半是由饮食习惯所导致的。鲑鳟鱼中 B 族维生素的种类丰富且含量较高，这些维生素可参与我们人体许多的生命过程，包括转化食物为能量、修复 DNA 损伤和减缓炎症对心脏的损伤，而多种 B 族维生素的相互配合将对我们脑和神经系统功能的维持大大有益。维生素 B_{12} 是 DNA 和红细胞产生过程中的必要营养元素，也被认为对人类认知有重要作用。一片去骨虹鳟鱼肉可提供 7.1mg 的维生素 B_{12}，是我们每日推荐摄入量的 118%。维生素 D 对人类健康同样有益，因为它可以增强免疫力、调节血压和增强骨健康。阳光是维生素 D 合成的最佳来源，这也是它被称为“阳光维生素”的原因，但食物来源的维生素 D 也同样非常重要，因为晒阳光补充的维生素 D 可能并不能满足某些人的需求。一片去骨虹鳟鱼肉中的维生素 D 含量为 635 IU，是每日推荐摄入量的 106%。

4. 补充调节人体血压的钾元素

钾溶于水中后会形成阳离子，可通过参与构成机体的电离子平衡来影响人类的生命过程。钾是人体内含量第三的矿物质元素，是胞内液主要的离子，决定了细胞内水的含量是多少，而钠则是细胞外液中的主要离子成分，细胞内外离子所维持的渗透压正常时处于平衡状态，以使机体维持健康。如果这种平衡被打破，将导致细胞脱水进而影响心脏和肾脏的功能。神经传递过程中钠离子进入细胞，钾离子流出细胞，这种离子运动改变了细胞的电压，从而引发神经传递，所以钾的另一个作用是参与神经传递。因此，钾元素的适时补充对人类的健康益处主要体现在辅助降低血压、防止中风、避免骨质疏松、预防肾结石、维持细胞水分等。通常大多数人对钾的摄入量不足，研究表明只有 3%的美国成人能够摄入满足需求的钾，而缺钾易引发血压问题。有些人运动后一般都会吃根香蕉，因为运动出汗时会排钾，香蕉则会适时补充流失的钾。100g 的大西洋鲑可提供 11%~18%每日推荐摄入量的钾，高于同样重量香蕉可提供的钾摄入量，制作鲑鳟鱼菜品过程中用绿色蔬菜和水果作为配菜将更显著提升钾的摄入。

5. 平衡具有免疫功能的硒元素

硒是一种非金属元素，他不仅仅是在材料和化学领域具有应用，对动物体来说也非常有益。硒可作为一种抗氧化剂来中和多余的自由基，保护细胞免受氧化损伤。吸烟、饮酒和压力可导致过量自由基的产生，导致氧化应激，损伤健康细胞，而某些疾病的发生也被证实与机体的氧化应激损伤有关。硒的抗氧化功能已被证实可避免一些氧化应激导致的慢性疾病的发生（心脏病、阿尔茨海默病和肿瘤等）、防止甲状腺疾病、减缓炎症和增强免疫力、缓解哮喘症状。此外，硒还有助于保持骨健康，降低自身免疫性甲状腺疾病患者中的甲状腺抗体水平。缺硒是引起大骨节病和克山病的重要原因，但硒过量又会导致中毒。通过含硒食品的摄入可能对于硒的适量补充很有益处，100g 的大西洋鲑可提供 59%~67%每日推荐摄入量的硒。每周食用两次大西洋鲑，血液中的硒含量将显著高于口服鱼肝油胶囊。

6. 提供利于心脏健康的虾青素

虾青素是抗氧化类胡萝卜家族成员，也正是它使得大西洋鲑鱼肉呈现出诱人的红色。虾青素的作用在于减少氧化型低密度脂蛋白含量、增加高密度脂蛋白含量，从而降低人类患心脏疾病的风险。有研究表明，每天摄入 3.6mg 的虾青素可以实现降低氧化型低密度脂蛋白的目的，而虾青素还可与 Omega-3 不饱和脂肪酸联合发挥作用，使大脑和神经系统免于炎症损伤。此外，虾青素还对皮肤损伤修复和保持皮肤年轻化具有效果。

综上所述，鲑鳟鱼类可为人类提供优质的鱼源蛋白质，且营养元素种类丰富、配比均衡，对优化人类饮食结构和促进人类健康具有积极的作用。目前，我国的鲑鳟鱼产量远达不到国内市场需求，而FAO官方数据显示大西洋鲑占全球海产品贸易的20%，足以说明世界人民对鲑鳟鱼产品的热爱。相信随着人们对健康的越发重视、对鲑鳟鱼产品认知水平的提高和鲑鳟鱼加工技术的发展，鲑鳟鱼将成为我国人民餐桌上高品质的美味佳肴。

二、鲑鳟鱼加工与烹饪

（一）鲑鳟鱼的初级加工

优良的鱼肉品质不仅与鲑鳟鱼自身质量有关，与捕获鲑鳟鱼后的初级加工操作也密不可分，加工方式是否得当会对鲑鳟鱼肉的质量参数和口感产生影响。

鱼一旦死亡，腐败就已经开始，所以我们首先需要了解导致鱼腐败的因素，并尽可能地在初级加工中采取相应的措施来避免。

细菌性腐败：细菌是导致鱼类腐败的主要原因，数以百万的细菌生存在鱼的黏液、鳃部和肠道中。这些细菌不会对活着的鱼产生危害，但是当鱼死亡后，细菌可通过鳃部或沿着血管入侵到组织，也可通过皮肤和腹腔内衬直接入侵。

酶性变质：鱼死亡后，其体内自然存在的酶类会对鱼肉进行降解和消化，导致肉质发软、品质降低，同时也为细菌提供了养分，加速了腐败。最为显著的酶性变质是腹腔溃烂。

氧化作用：空气对鱼脂肪的作用可使鱼自身气味丧失而产生腐臭味，这一点在高脂肪含量的鲑鳟鱼来说体现得较为突出。

温度和腐败：鱼的保存周期与储藏温度直接相关，即温度越高鱼的腐败速度越快。冰和冷冻对缓解细菌的生长、酶性变质和氧化作用具有效果。保存在0℃下14天的鱼肉品质与保存在15.5℃下2天半的鱼肉品质相当。鲑鱼在-1.1℃或-1.7℃左右开始冻结，-0.6℃或

0℃是理想的储藏温度。

运送时间：液冷系统的作用与冰相当，不能延长运送时间。海运鲑鳟鱼需要冷藏，运送时长为 3 天，在第 4 天进行投递，时间当然越短越好，因为从零售店获得鲑鳟鱼到销售可能还需要 6 天时间。

1. 捕捞

减少对鱼的刺激，避免鱼发生应激反应是捕捞鲑鳟鱼规程中需要遵循的原则。对于野生鲑鳟鱼来说，要考虑采用合适的捕捞方法，避免使用鱼钩和鱼线这种使鱼力气耗尽的方式。针对养殖鲑鳟鱼，首先要将鱼划分为较小的捕捞单元（密度 5~10 kg/m^3），第二个关键就是要让鱼保持足够长时间的饥饿状态，以促进肠道内容物排空。因为鱼进食时，消化道中会有大量的细菌，这些细菌产生的消化酶会引起自溶，散发强烈的气味，特别是在腹部区域。排空肠道也可避免加工鱼过程中粪便自肛门溢出。

2. 致晕

在水中对鱼的头部进行敲击使其昏厥，以缓解拖网过程中因鱼的挣扎而导致的擦伤。捕获的野生鲑鳟鱼一般就直接放在渔船上窒息死亡，而养殖的鲑鳟鱼，最常用的方法是将其直接浸入 0℃左右的冰水中。也有人采用电击方法处死鱼，但可能导致肌肉中血点的出现，也有人指出电击处理比传统方法更容易引起鱼的应激反应。

3. 转运

处死后的鲑鳟鱼需要小心转运（不能踩踏、抛掷和摔打）。转运不当所导致的隐伤对于捕鱼者和收货人是不易察觉的，只有零售商进行鱼片或鱼排加工时才会发现由于转运不当导致的肌肉中出现血点、多孔洞、严重瘀伤或呈糊状。这些带有隐伤的鱼加工出来的产品价格会大打折扣，甚至只能舍弃。正确的持鱼姿势应该是握住头部或同时握住头部和身体，千万不能拎尾巴。

4. **放血**

捕获后的鲑鳟鱼，应立即用锋利的刀割断鳃弓，使鱼在游动过程中血液自心脏中快速泵出，除尽鱼体残留的血液，最好在捕获后的 1~2h 内进行。

5. **去内脏和冲洗**

处死后的鱼应尽快去除内脏以避免肠道中的消化酶引起鱼腹腔壁的溃烂。破肚鱼的腹部发软、腹腔壁变成褐色，并发出令人不快的发酵味。最坏情况下，鱼腹壁会爆裂、肋骨穿出。在处理过分投喂的鱼过程中，10min 就可能会发生腹部穿孔。

用锋利的刀在泄殖孔以一定的角度刺入（与腹部几乎持平），保持这个角度，小心的沿着中线做一个平滑的浅切口直至胸鳍基部或颈部 V 型后部 3.8cm 处。保持正确的角度进行浅行切割可避免腹部切口不整齐和误刺内脏导致内容物流到鱼肉上。

割断伸入头部或与任何部位连接的组织，紧握并提起内脏团，朝着尾部方向全部扯出。

因为鳃弓是细菌和腐败性酶类高度富集的地方，所以要全部去除，并将咽喉部牢固的保留在下颚上，这样可避免在后续转运过程中鱼头折断。用勺子背部、刀头或手指轻轻地去除腹腔底部延伸分布的静脉中的血液。用刀尖从头到尾小心的切开肾脏，并用勺子刮除，切开肾脏的过程中，要避免勿刺入椎骨附近的鱼肉，特别是快到尾部的位置，因为肾脏所覆盖的鱼肉部分特别软，对细菌性腐败特别敏感。

用干净的流水仔细的冲洗除尽肾脏的鱼，泡软和洗掉残留在鱼上的血液、黏液和内容物残渣，小心不要伤到鱼鳞，在冲洗过后，仔细检查，如果发现仍然有黏液附着，应及时去掉，避免黏液中细菌可能引起的腐败。

6. 包装

在聚苯乙烯或塑料箱中加入足够的冰，将鱼腹腔朝上插入冰中，并固定好，避免运输过程中的不必要移动，一般可保存 10~15 天。

7. 清洗和消毒

在完成包装鱼的运送后，应将操作台和所用容器进行彻底的清洗和消毒。首先用清水进行冲洗，再用刷子蘸取去污剂对物品表面进行洗刷，最后用水洗掉去污剂 5~10min，最后用清水彻底冲洗。将清洗和消毒后的器具放在特定位置，防止交叉污染。

（二）鲑鳟鱼的烹饪与食用方法

鲑鳟鱼鱼肉饱满、无肌间刺、味道鲜美、营养丰富，又不会引起发胖，可作为餐桌上的佳品。由于鲑鳟鱼肉品质好，又没有土腥味，所以不必采取过于烦琐的方法就可烹饪出美味的菜肴。俗话说，中国美食博大精深，我们不仅很好的承接了西方的煎、烤，日本的刺身等鲑鳟鱼食用方式，更是在此基础上，进行了符合中国口味的改良，并因材施用，将鲑鳟鱼所能呈现出的美味发挥到了极致。菜肴的烹饪因人的喜好而不同，没有标准可言，所以本文中只是按照鲑鳟鱼的制作方法进行了大体区分和列举，在调料选取、配菜搭配和最终呈现方面可依个人所想尽情发挥。

食材的选择是烹饪菜肴的基础，那么如何选择做菜用的鲑鳟鱼呢？因为季节和具体种类的不同，鲑鳟鱼的颜色可能介于淡红色到橘红色之间，所以不应仅仅就肉色来选择鲑鳟鱼，而更应注重肉质饱满、有弹性和潮湿的鲑鳟鱼，如果能看到鱼皮，它应该是有光泽的，而不是黏糊糊的。不要选择肉质干燥、颜色灰白或者包装在已经化水袋中的鲑鳟鱼。

购买到鲑鳟鱼后要对其进行专业切割（可由商家代劳），去除鱼鳞和鳍条，在鱼头后部以 V 字切口的形状切割下鱼头，沿着椎骨将鱼分割为左右两片的鱼柳，切下腹部鱼腩，顺着鱼柳方向用镊子拔出肉中的鱼刺，将不同部位的鲑鳟鱼保存，以备烹饪不同款式的菜肴。

1. **生食**

生食一般选用鲑鳟鱼的背腹部。美食爱好者认为未经任何烹饪处理的鲑鳟鱼，直接食用可享受到大自然所赋予的味道，但食品安全专家认为未经做熟的水产品可能通过生食这一方式将病原体引入人体，危害人类健康。但不得不承认的是，鲑鳟鱼在日式料理中是广受欢迎的菜品。为兼顾美味和安全，有人提出生食所用的鲑鳟鱼首先要经过健康检验，不含危害人类的病原体，尤其是寄生虫，从源头上来说，鲑鳟鱼的生存环境要干净和可控，从而保证最终所生产出来的鲑鳟鱼产品绿色安全；另一方面，生食用的鲑鳟鱼应在-35°C下充分冷冻，以去除鱼肉中有可能残存的寄生虫的威胁和避免病原菌的滋生和繁殖，在准备食用前再去除鱼肉，并切割成薄片或厚片，放在冰上，蘸取含有绿芥末的调味料就可直接入口。

2. 烟熏

烟熏鲑鳟鱼是因纽特人创造的一种烹饪菜品，不仅延长了保存期限，也带来了新的口感和味道。

原始食材的选择：捕获鲑鳟鱼后，选择较高脂肪含量的鱼放在冰上保存 24h 直到鱼体不再僵硬，或者也可将冷冻和冷藏的整条鱼进行直接解冻，将有利于高品质烟熏产品的制备。大西洋鲑、太平洋鲑和虹鳟鱼等均可用于烟熏。

烟熏准备：首先小心切开鱼的腹部、去除全部内脏，整个内脏约占鱼体体重的 25%，仔细去除脊柱上面凝集的血液，之后用水彻底冲洗鱼腹腔。一般来说，将捕获的鱼立即放血有利于减少擦伤痕迹或避免后续切片过程中大量的血液残留所导致的变色。

去除内脏后，在鳃内部附近的位置切除鱼头，沿着脊骨将鱼体分割为两片，每片都包含完整的颈背骨和腹部侧翼。颈背骨可以为鱼片的悬挂熏制提供足够的强度，当然现在也有许多人将鱼片直接放在托盘上进行熏制。可小心去除鱼片腹部的骨头和鱼皮来提升熏制鱼体的外观，但一些熏制者则更喜欢保留这些在成品上。由于大量的血液可能透出血管而渗入鱼肉中，血液在熏制过程中将变黑而影响品质，因此需要用冷水将鱼片表面的残留血液彻底洗净。

腌渍：可通过盐浸或干盐渍将盐加入到鲑鳟鱼片中。有些人说盐浸可使鱼片光泽更好，但大多数操作者主要是利用腌渍来缩短鱼片在干燥器中的干燥时间。

干盐腌渍：如果采用悬挂方法对鱼片进行熏制，需要先在颈背骨的位置穿绳，然后再在干盐中浸没。在鱼片的表皮上切 3 个切口，以便于盐的渗入，在鱼片最厚的位置做一个 3~5cm 的横向切口或造两个 2~3cm 的圆形创口，并在裂口中塞入干燥盐，以保证整个鱼片盐渗透的均一性。

在盒中放入 2~3cm 厚度的盐，将带有鱼皮的一侧放在盐上，在鱼肉最厚的部位上覆盖 1cm 的盐，并在尾部也覆盖薄薄一层，在第一层腌制的鱼片上可以继续堆放第二层直至完成。根据鱼片的大小，将腌制的鱼片放在盐中至多 36h，以使成品中盐度达到 2%~5%，根据经验，4kg 的鲑鱼片腌制 12h，8kg 的鲑鱼片需要腌制 24h，但时间可能也根据起始鱼肉的质量和脂肪含量而出现差异。腌制好的鱼片用冷水冲洗掉表面的盐，之后在 30°的盐水中浸泡半个小时，使盐分布均匀，至此，腌制鱼片的触感应该像熏肉一样坚固而有弹力。当去除干盐后鱼片与最开始的重量相比，最多可能要损失 9%。一些加工者在制作腌制鱼片的过程中会加入红糖、糖蜜和甜酒以使成品呈现出独特的味道，但大多数的人只是加入干燥盐。

盐浸：这种方法很少被商用，因为盐浸过程中鱼片的重量没有变化，从而导致干燥鱼片所需要的时间是干盐渍的近乎 2 倍。鱼皮表面的切割处理和干盐腌渍一样，之后将鱼片进入盐含量为 211g/L 的 80°水中数小时，一般 5kg 高脂肪含量的鱼肉需要 6h，同样重量的低脂肪含量鱼肉需要 3~4h。

晾干：经过干盐腌渍或盐浸的鲑鱼片用颈背骨上拴着的绳子悬挂起来或者放在不锈钢丝网上。悬挂的缺点在于重量原因调至鱼肉间出现缝隙。盐浸处理的鲑鱼片在进入干燥箱之前最好先在 2℃左右的冷屋中晾置 4h。

熏制：用锯屑来熏制，可为鱼肉增香，最好选择橡木，也可以用其他硬木。锯屑应该干净，且不含防腐剂、污染物和切割木材过程中所沾染的锯片润滑剂，混有塑料薄片的锯屑是不能用于鱼片熏制的，因为塑料燃烧所产生的气体有毒。

在机械干燥炉中，将起始温度保持在 27℃，将鱼片悬挂或放于托盘中进行缓慢熏制，避免表面过分干燥而形成硬壳，根据鱼片大小和脂肪含量，通常需要 4~10h。在熏制的最后 15~20min，将温度提高到 33℃，使鱼片表面的油渗出，增加其观感。4~5kg 高脂肪含量的鱼片需要在干燥炉中放置 6h。鲑鱼片在熏制 5h 后才会获得足够的烟熏味和色泽，此时不再进行烟的补充，维持主风道和烟囱运行，使鱼片留在炉中继续干燥。如果熏制后的鱼片太软或松垮，应该重新放回炉中继续干燥，或者是过夜挥发水汽，然后再返回炉中，在27℃下进一步干燥，最后再进行33℃的出油处理。

在传统的干燥炉中，烟熏时间不是很好预估的，因为整个过程不易控制，但一般来说停留时间要到48h，而对于大的鱼片和遇到不适宜天气时间要延长到60h。一些操作者通过将鱼片放在20℃的干燥屋中24h之后再转入浓烟中熏制来减少这个过程的时间，最终形成的产品要比常规处理潮湿。

包装和储藏：为保证产品的品质，可采用真空包装来避免脱水、腐败和污染，但如果储藏温度较高将会使一些细菌有了滋生环境。真空包装后的成品最好冷冻保存，如果没有长期冷冻条件，也可将其在4°C以下冷藏来确保其食用的安全性。冷藏的熏鱼可在5~6天内保持品质良好，而冷冻保藏的熏鱼可在-30°C下保质6个月。

烟熏鲑鳟鱼可切成薄片，与蔬菜、芝士和牛油果等夹在面包片中做成方便进食的三明治，也可切成小块与蔬菜、水果等混合做成沙拉。

3. 煎炸

掌握好火候和保持耐心，我们在家中一样可以做出酥香鲑鳟鱼。对于鱼块来说，可先将鱼皮一侧擦干，然后沾上一些面粉或淀粉，在锅中倒油加热后，将带有鱼皮的一面放在锅中煎足够长的时间以使鱼皮酥脆，在快要完成时将鱼翻面煎制最后30s。做好的煎鱼可将鱼皮面朝上，淋上熬制的汤汁。鱼骨和鱼鳍虽然是切割鱼肉后剩下的边角料，但鱼骨上会留存一些鱼肉，还有胶质，但没有什么腥味，所以可以简单腌制后进行油煎。鱼鳍运动性大，富含油脂，口感软滑，但略有腥味，需要在腌制过程中进行去腥处理再油煎。要是油炸的话，要将鲑鳟鱼的肉切成大块，并不用担心鱼肉被切碎，在锅中倒入足够的油，烧热后将表面裹上淀粉的鱼块放入油锅中进行充分的炸制。我们既可以预先将鱼块用调料进行腌制，也可以用炸制完的鱼块蘸取调料来食用。

4. **烤**

烧烤是在烤架上用火将食物做熟的一种方法，可以是用电烤箱，也可以使用木炭，木炭燃烧所产生的木香会渗入鱼肉中赋予其独特的香味。我们可以在整条鱼的腹部加入柠檬和香料，然后捆扎一会使鱼入味，两面各烤制 30min，每隔 10min 翻转一下。在烤制的最后 5min 可撒上烧烤料（盐、芝麻、孜然和辣椒粉等），这样一道纯正的香烤鲑鳟鱼就可以上桌了。

5. **煮**

这里所说的煮是广义的，我们既可以在锅中加水或其他喜欢的液体、撒入调料（柠檬片、香料、葱和姜等），待水沸腾后，调小火，然后倒入鲑鳟鱼，继续煮 5min 入味即可；还有一种煮的方法，是将鲑鳟鱼肉切成片，在锅中倒入火锅调料和水，用筷子夹取鱼肉，在锅中涮熟后，蘸取芝麻酱调料或海鲜汁调料食用；最后一种方法说是煮，也可以说是煲汤，鲑鳟鱼头肉质丰富、滑嫩，脊骨上富含胶质，特别适合用来做汤，经过长时间的炖煮后，撒入葱花、姜丝和香菜，一份富含胶质、味道鲜美的鱼汤就做好了。

6. **炒**

先将鲑鳟鱼切成大块，然后锅中倒油，将鱼块裹上淀粉后进行油炸，油炸既可以增香也可以使鱼块具有硬度，便于后期的翻炒。

锅中加油，用葱姜蒜炒香，倒入炸好的鱼块，用老抽、生抽、蚝油、糖、料酒等调好汁，淋入锅中，小火慢煮后大火收汁，翻炒后出锅。

7. **蒸**

用来蒸的鲑鳟鱼最好选择小规格的，将鱼的两侧切上花刀，用葱姜水对鱼进行涂抹，在盘中摆上葱姜丝，撒上少许白酒，将鱼摆好，锅中水烧开后，蒸 8~10min（根据鱼的大小可以略作调整），然后倒掉汤汁和葱姜丝，再撒上新的葱姜丝和些许的蒸鱼豉油，继续蒸 2min 后淋上烧开的热油即可。

8. **凉拌**

剥取鱼皮，切成细丝，在沸水中轻微煮，然后用凉水冷却，沥干水后备用，加入黄瓜、香菜、辣椒丝等时蔬，用适量的盐、糖、香油、花椒油和醋等调味即可。鲑鳟鱼卵比一般鱼卵大得多，色泽红润透明，营养价值高，可经商品化生产成为鱼子酱，也可在家中配上热水焯过的胡萝卜丝、洋葱丝、黄瓜丝等一起拌上盐、味精和辣椒油等成为一道具有独特感觉的爽口凉菜。

食客们选择鲑鳟鱼的原因除了其肉质好、烹饪方式多样，其实更多的是因为它的营养丰富、含量高，有研究对经过蒸煮、电烤、微波、罐装等加工后的鲑鳟鱼进行了综合比较，发现选择不同的烹饪方法的鲑鳟鱼常规成分（水分、蛋白、脂类和灰分）的确具有差异，但它们的营养组成（钙、铁、锌、脂肪酸）并没有发生变化，所以我们只需关注所选用的鲑鳟鱼品质，不用太顾忌烹饪过程中所引起的营养流失。

第九章　鲑鳟鱼市场消费现状、趋势及对策

一、鲑鳟鱼国际市场生产消费情况概述

鲑鳟鱼是仅次于鲤科鱼和罗非鱼的世界第三大主养鱼类。据统计，2018 年度鲑鳟鱼全球总产量约 330 万吨（FAO，2020），其中，大西洋鲑养殖产量大约为 220 万吨，虹鳟产量约 85 万吨，其余为其他养殖鲑鳟鱼及野生鲑鳟捕捞产量。据挪威美威鲑鱼养殖业手册（2020）中援引康塔利分析（Kontali Analyse）公司数据，鲑鳟鱼养殖业以大西洋鲑（Salmo salar）和虹鳟（Oncorhynchus mykiss）为主，其中虹鳟有大、小两种规格。按数量统计，大西洋鲑是养殖规模最大的鲑鱼种类，大西洋鲑以刺身、烟熏、寿司以及即食食品等多种形式在全球范围内销售。但是，受限于冷水鱼习性及水域环境，大西洋鲑养殖规模较大的国家和地区仅限于挪威、智利、英国、美国、加拿大、法罗群岛、爱尔兰、新西兰及澳大利亚的塔斯马尼亚岛。大规格虹鳟主要产地是挪威、智利和法罗群岛，主要消费市场是日本和俄罗斯，主要以鲜鱼出售，但也用于熏制生产。其中，俄罗斯长期保持着大规格虹鳟鱼主要消费国地位，现阶段该国虹鳟年人均消费量约为 22kg。此外，全世界普遍具备小规格虹鳟生产条件，但没有全球标准产品形式，一般都在以本地习惯烹饪方式食用，例如热熏或烧烤等。除上述主要鲑鳟鱼养殖地区，亚洲的伊朗和土耳其小规格虹鳟生产规模均较大。

从全球范围内看，挪威在鲑鳟鱼市场全产业链处于领先水平。

水产业是农业领域中的重要一环，由于鲑鳟鱼属于冷水性鱼类，对清洁环境和溶解氧等条件需求较为严格，养殖风险相对也较大。借鉴挪威鲑鳟鱼产业发展的经验，挪威政府和立法机构借助有效的政策工具和严格的法律法规，积极规范管理，在产业的不同发展阶段设定相应政策目标和行业性协会组织，整合优势，打造“挪威三文鱼”国家品牌。在商业性发展的同时，通过政治家积极对外推介营销，协助厂商开拓国际新兴市场建立挪威水产品优质形象。同时，通过不同细分市场与当地合作伙伴塑造“三文鱼”是高端健康饮食的社会认知。更重要的是，挪威三文鱼能够取得如此巨大的成功，也伴随着巨额的科技研发投入和大量优秀人才不断加入本行业。挪威在国家科研体系中针对性地持续重点资助鲑鳟鱼遗传育种、疫病防控、疫苗研发、营养饲料及设施装备等研究。以挪威生命科学大学等为代表的挪威高等农业教育体系中建立了完整的渔业人才培养系统，将培养的优秀人才不断输入鲑鳟鱼产业中。回顾挪威鲑鳟鱼产业，以个体小农自发养殖开始，逐渐由渔民摸索出养殖技术，然后形成产业，后经政府和资本力量进入，从而具有国际竞争力的全国性行业体系。挪威经验对我国的鲑鳟鱼养殖业具有可操作性的积极借鉴意义。

但是，自挪威等北欧国家鲑鳟鱼养殖业在全球范围内异军突起以来，全球鲑鳟鱼高速增长阶段已维持了相当长的时期，现在市场分析人士普遍预期鲑鳟鱼养殖业增速将逐步下降，最终达到相对均衡的稳定水平。自 1995 年以来，大西洋鲑鱼的供应量增长了 478%（年均复合增长 8%）。近年来，年增长率有所下降，2010~2019 年期间的年均增长率为 7%。据康塔利分析公司预计增长将进一步降低，预计 2019~2023 年的年增长率为 3%。依据目前主流鲑鳟鱼养殖企业经济成本核算，鲑鳟鱼养殖业已经接近养殖生物学性能与经济成本控制的极限水平。因此，随着各国对渔业绿色发展和水域生态环境保护的重视，对渔业投入品和排放管控措施越来越严格，预计鲑鳟鱼产量增长将不再仅由行业和监管机构来驱动。这需要系统性的技术进步，改进投入样品并实施非药品功能性饲料替代常规饲料，改进行业法规并增强全产业链整合绿色创新。

大西洋鲑和虹鳟全球市场现状存在明显差异。大西洋鲑只在欧洲西北部的几个国家和智利、美国、加拿大等国养殖，养殖方式和市场消费形式高度一致，这虽然便于组织生产和服务消费者，但也导致生产企业间存在激烈的市场竞争。目前，欧洲和南美大西洋鲑养殖业产业集中度非常高，而且还有进一步整合的趋势，垄断势头明显。与此同时，虹鳟养殖业遍布全球，虹鳟对在地市场需求依存度非常高，受市场需求多样性的影响，虹鳟的养殖技术体系、消费规格、烹饪方法均有不同，导致虹鳟养殖业生产销售策略是高度差异化的。此外，虹鳟种质特性上存在明显的基因与环境互作效应，同一品系在不同环境中生产性能存在极显著差异，因此，很难做到同一选育品系同时满足多个不同细分市场的需求。大规格虹鳟与大西洋鲑目标市场需求相似，与大西洋鲑激烈竞争消费市场，小规格虹鳟主要与其他休闲游钓鱼类竞争市场，几乎不与大西洋鲑直接竞争市场。

二、鲑鳟鱼国内市场生产消费情况概述

下面介绍我国鲑鳟鱼养殖和消费情况，大规格鲑鳟鱼在我国市场消费形式以生食为主，商品名一般被称为三文鱼。在 1959 年以前，我国市场没有鲑鳟鱼养殖，基本没有商业消费。改革开放以来，国内以虹鳟为主的鲑鳟鱼养殖业持续快速发展，虽有曲折，但总体向好。但是，2018 年社交媒体上突然引发的“三文鱼舆情”使得我国鲑鳟鱼产业受到较大冲击。中国水产品流通与加工协会组织的行业调查结果显示，2018 年三文鱼舆情已经对国内虹鳟养殖业造成了严重经济损失。据不完全统计，截至 2018 年 10 月，参与调查的 11 家

大、中型虹鳟养殖企业，因舆情导致包括产品滞销、价格下跌、因滞销导致产品过期、因标识导致退货、运营成本和其他损失，共计超过 2.6 亿元人民币。该事件的后续负面影响持续到 2020 年春节前夕传统三文鱼销售旺季刚刚呈现减弱态势，就又遭遇“新冠疫情”重击。雪上加霜的是，“新发地市场三文鱼新冠病毒检测阳性”引发了类似 2018 年“三文鱼舆情”的新一波疫情，并在自媒体等新媒体上形成舆论风暴。尤其是“新发地舆情”对三文鱼最主要的生食方式产生了沉重打击，国内各主要消费区域对生食三文鱼消费热情均呈现断崖式下降。可以预见，如果传统生食三文鱼不能顺利转变为其他符合卫生防疫要求且能被中国消费者接受的烹饪方式，无论进口还是国产鲑鳟鱼产业都可能会经历一个漫长的严冬。根据对国内主要鲑鳟鱼养殖企业的走访调查，当前市场生食三文鱼的有效消费需求锐减，甚至有很多地方禁止零售三文鱼。同时，大量国产大规格虹鳟在“压塘”无法销售，对产业短期负面效应开始显现。

由于当下鲑鳟鱼养殖和销售均处于低谷，我们在此采用 2018 年“三文鱼舆情”前的产业数据，来介绍我国鲑鳟鱼发展的大致面貌。据 2018 年中国渔业年鉴，我国 2017 年鲑鳟鱼总产量为 44594 吨，其中前 10 位的省份产量为 40372 吨，分别为青海 13817 吨、辽宁 5966 吨、云南 4748 吨、新疆 3565 吨、四川 2587 吨、重庆 2123 吨、甘肃 2117 吨、河北 1612 吨、北京 1447 吨、山西 1350 吨、陕西 1040 吨。国内生食鲑鳟鱼市场主要来源于网箱养殖的大规格鲑鳟，大型网箱养殖鲑鳟鱼企业主要包括青海民泽龙羊峡生态水殖有限公司、青海联合水产养殖有限公司、甘肃文祥生态渔业股份有限公司、新疆天蕴有机农业有限公司及辽宁丹东华美渔业有限公司等，上述 5 家公司年均总产量可达到约 1.1 万吨，约占我国养殖生食虹鳟鱼消费市场的 70%。此外，东方海洋公司使用陆基循环水系统养殖供生食的大西洋鲑每年达 1000 吨，约占国产生食鲑鳟鱼产量的 6.7%，是我国主要的大西洋鲑养殖企业。但由于受到 2018 年度“三文鱼舆情”

影响，公众消费热情有所减退，中国市场三文鱼养殖和消费量均有明显萎缩。据 2019、2020 中国渔业统计年鉴数据，2018 年度国内鲑鳟鱼产量由 2017 年度的约 4.2 万吨萎缩到 3.3 万吨。其中，约 2.5 万吨为以三文鱼形式销售的大规格虹鳟。2019 年，鲑鱼产量继续萎缩，养殖产量已不足 2000 吨；鳟鱼产量有所反弹，产量增幅为 1.99%。

据中国水产品流通与加工协会等渠道统计数据，2019 年中国大约进口 10 万吨大西洋鲑鱼，其中 80%冰鲜、20%冷冻，烟熏和其他种类的产品很少。再加上国产 2.5 万吨的大规格虹鳟鱼，2019 年度中国市场三文鱼消费量在 12 万~13 万吨。在产地来源方面，挪威持续多年在中国市场占据支配性地位，以至于很多消费者认为国际上只有挪威生产三文鱼。但由于挪威政治性地操弄中挪关系，伤害中国人民感情，2010~2016 年数年间两国关系冷淡，商业不畅，在中挪关系出现风波的 6 年间，挪威三文鱼市场份额被智利、法罗群岛、苏格兰等产地取代。随着 2016 年底中挪关系正常化以来，挪威三文鱼不断在中国市场发力。2018 年 10 月，挪威最大的三文鱼养殖企业美威公司与阿里巴巴集团合作在上海建立鲑鱼分割工厂生产冰鲜三文鱼。挪威国王、王后、首相及政府主要官员均曾到访中国推介三文鱼。近年来，挪威三文鱼对中国出口出现爆发性增长，依据 UCN（Undercurrent News）国际海产资讯的消息，2019 年挪威对中国出口三文鱼销售额增长 97%。然而 2020 年 2 月，受疫情影响，物流中断，消费缩减，挪威对中国出口三文鱼数量呈断崖下跌。市场人士普遍认为，短期内，包括挪威在内的主要三文鱼生产国将不得不在内部消化三文鱼产品。而且，在 2020 年度，欧洲“新冠疫情”爆发以来，挪威输华三文鱼产品多次检测出“新冠阳性”，进一步使得我国进口商从挪威进口三文鱼数量锐减。2020 年 12 月 29 日，挪威食品安全局网突然发布公告，宣称将从 2021 年 1 月 1 日起暂停对中国出口可食用的水产品。挪威当局表示，待中国与挪威双方达成新出口许可证书后方可继续出口食用水产品，也不排除进一步推迟的可能性。根据中国水产品流通与加工协会在2018年“三文鱼舆情”事件前所做的市场消费抽样调查，结果显示生食三文鱼主力消费人群为中高收入人群，很多家庭年收入在50万元人民币以上。这类人群多对营养、健康高度重视，对食品安全尤为敏感，社会影响力和动员力相对较强。2018年“三文鱼舆情”首先以微博和微信公众号等新媒体和自媒体为载体，围绕三文鱼定义及养殖方式的讨论逐渐发酵于社交媒体，最终引爆所谓“真假三文鱼”之争，形成了舆论风暴。2020年“新发地三文鱼新冠阳性”舆情也呈现类似规律。因此，综合考虑上述因素，鲑鳟鱼消费市场何时能恢复到2018年“三文鱼舆情”之前的景象，还有待进一步观察。

三、制约我国鲑鳟鱼消费的若干关键因素

（一）养殖和流通领域鲑鳟鱼产品的检验检疫不系统

接连发生的“真假三文鱼”“新发地三文鱼新冠阳性”等舆情将国内生食鲑鳟鱼产品检验检疫情况和食源性微生物病原体感染风险等潜在的质量安全问题直接抛入公众视野。因我国对鲑鳟鱼流行病学调查与监测工作开展尚不系统，缺失相关基础数据，导致相关管理部门无法为消费者提供有力的论据，因而加剧了公众对国产鲑鳟鱼生食安全的担忧。因此，针对我国养殖鲑鳟鱼的寄生虫种类、感染力和致病力这些关键科学数据的及时补充是行业主管部门、养殖生产单位和消费者当前的迫切需求。

同其他动物一样，鱼体中有寄生虫，因此吃鱼是有可能感染寄生虫的。研究表明，在我国能感染人的鱼源寄生虫主要有异尖线虫、华支睾吸虫（肝吸虫）、棘口吸虫、裂头绦虫和颚口线虫等种类。异尖线虫只能在海洋中完成生活史，海洋哺乳动物对它的传播是必需的；淡水中不存在这个条件；鱼类是它的中间宿主，海水鱼类感

染的概率极大，特别是肉食性野生鱼类；江海洄游鱼类（如一些野生鲑科鱼类）也能被感染；而纯淡水鱼类感染的可能性几乎为零。因此我国淡水纯人工养殖的鲑鳟鱼类几乎不可能有异尖线虫感染。华支睾吸虫主要感染鲤科鱼类，其中淡水螺类（主要为豆螺、沼螺、涵螺）对华支睾吸虫的传播是必需的，这些螺类主要分布于江、河、湖、库、沟、渠、池、沼密集的地区，华支睾吸虫的囊蚴主要寄生于鲤科鱼类，其他鱼类（如经常被用来生食的鲑鳟鱼类）的感染风险较小。

国外已有的流行病学调查结果表明，无论海水还是淡水中，鲑鳟鱼极易感染阔节裂头绦虫，感染率一般在 50%以上，智利甚至发现有野生虹鳟群体阔节裂头绦虫抽样感染率达 70%以上。2010 年发表的智利南部养殖鲑科鱼类阔节裂头绦虫流行病学调查结果显示，由于养殖虹鳟摄食已经高温消毒的硬颗粒饲料，感染率显著降低，抽样感染率约为 6.7%，但感染风险也不可完全忽视。不过，近年来有关对人感染的绦虫病例大多是日本裂头绦虫。在我国尽管报道棘口吸虫能感染人的种类有 10 余种，但感染病例很少，主要分布在福建、广东、安徽一带。棘颚口线虫迄今为止在我国报道的感染病例也不多，不超过 100 例，主要在南方。

需要澄清的是，无论海水养殖或者淡水养殖的三文鱼，在其各自的生长环境内都有感染寄生虫的机会，而且发育前期，如产卵和育苗过程都是在淡水中完成的。包括所谓“海水养殖正宗挪威三文鱼”的大西洋鲑也需要在淡水中完成 1 年育苗，鱼种银化后才能转入海水养殖。目前，尚无确凿证据表明鲑鱼幼鱼在淡水中感染的寄生虫在转入海水环境中会由于渗透压等原因全部自行死亡消失。

（二）分割生食鲑鳟鱼产品市场监管亟待规范

目前，鲑鳟鱼零售的另一个争议焦点就是零售生食鲑鳟鱼片产品标识不规范。在食品安全议题殊为敏感的今天，日益庞大的虹鳟鱼产业链究竟要以怎样的姿态向前发展，拷问的不仅是一个行业的良心，更关涉千万消费者切身利益，关涉市场秩序规则。对于国产虹鳟鱼生食产品市场，一是分割产品标识不清，存在以贱充贵、价格虚高的嫌疑。由于国内市场大西洋鲑主要靠进口，长途运输、海关通关和冷链运输等成本较高，平均每千克批发价格高于大规格虹鳟近 20 元人民币（据《水产前沿》提供数据）。虹鳟销售者以贱充贵现象时有发生，由此也引发大西洋鲑经营者不满，消费者也有受骗上当之感，遂引发公众所谓“真假三文鱼”之辩。这点可参考美国等国经验，我国虹鳟鱼零售包装标识也应与大西洋鲑有所区别。二是市场质量监督检测管理不到位，缺乏生食三文鱼检验检疫专用标准，产品质量难以保证。目前，国内市场上市销售的生食三文鱼，除海关对进口产品进行抽样检验检疫外，市场流通过程例行通用水产品违禁药品、重金属等投入品抽查检验，几乎没有类似生猪、肉鸡等专项病原体强制检疫措施。我国海关要求进口三文鱼报关时必须填报原产国和产区，物种中、英文名以及养殖用水类型。与此同时，我国商超等零售终端对三文鱼物种、养殖方式及产地等重要信息无强制标识规定。三文鱼普遍去头去皮后分割成生鱼片销售，由于肉色、口感等相似，普通消费者出现无法区分虹鳟、大西洋鲑及海、淡水养殖方式。

（三）国内鲑鳟鱼产业良种自给能力薄弱

生产用于生食的大规格虹鳟，主要采用全雌三倍体制种技术生产苗种。我国虹鳟养殖业年均需求约 4000 万粒全雌三倍体发眼卵几乎全部依赖进口，以美国鳟鱼庄（Trout Lodge）和挪威鲑鱼育种公司（Salmon Breeding Company）为代表的国外育种公司在国内全雌三倍体虹鳟苗种市场居于绝对支配地位，极大地影响了我国虹鳟养殖业的产业战略安全。该技术在国际上自 20 世纪 80 年代开始研发，90 年代工艺成熟，但至今我国除中国水产科学研究院黑龙江水产研究所可以实现中试水平的虹鳟全雌三倍体制种外，其他所需苗种几乎全部依靠进口。频繁引种在很大程度上为我国虹鳟鱼养殖业埋下了隐患，极有可能导致我国在将来某一时间由世界良种的积聚地变为世界鲑鳟鱼主要疫病的积聚地。

四、解决制约中国鲑鳟鱼消费的几点对策建议

（一）系统开展我国养殖鲑鳟鱼病原体常规性调查与监测

建议行业主管部门组织国内优势科研和检验检疫机构，在我国鲑鳟鱼主要养殖区开展各类重要流行病及人畜共患病基础调查与监测，全面查清我国养殖鲑鳟鱼的病原体种类组成及流行病学规律。在鲑鳟鱼主要养殖区通过开展流行病学调查与监测，查清各养殖区域及多种养殖模式下鲑鳟鱼主要病原体基础概况，并掌握其对鱼乃至对人感染规律。筛查食源性寄生虫，对已确定的比较常见的可能感染人类的异尖线虫、华支睾吸虫、棘口吸虫、裂头绦虫及棘颚口线虫等鱼类病原体进行调查监测，评估我国养殖鲑鳟鱼感染食源性病原体的强度及风险，维护社会公众消费优质产品的食用安全。同时，形成病原体监测预警体系，及时采取生态防控、无公害预防等手段，在达到环境友好的前提下，有效化解或降低因生食鲑鳟鱼而感染人畜共患病原体的风险，解除悬在鲑鳟鱼养殖业头上的达摩克利斯之剑。在充分保障食品安全和消费者知情权的基础上，消费者对口感近似的虹鳟和大西洋鲑的诉求，也将回归对商品品质、价格等差异的选择。通过长期系统监测，为行业主管部门决策制定、养殖生产单位病害防控、消费者对水产品质量安全的需求及鲑鳟鱼产

业绿色健康发展提供关键的科学依据。

（二）推动建立涵盖鲑鳟鱼养殖业全产业链的监管体系

建立并实施涵盖鲑鳟鱼养殖业全产业链的产业、市场及食品安全监管体系，是恢复生食三文鱼产业秩序和市场消费信心的必由途径。就产业监管程序来讲，我国虹鳟养殖业现行的 7 项行业标准均制定于 1999~2002 年间，多年没有修订改进，已不适于产业实际情况。建议政府行业主管部门加大资金投入力度，组织业内研究机构和相关企业系统地开展种质、养殖、设施、加工，病害防治方面的科学技术参数标准化研究，以推动建立涵盖鲑鳟鱼养殖业全产业链的行业或国家技术标准，并且在适宜时机推动政府和立法机关设立配套的法律法规。

就市场监管程序来讲，建议市场监管部门及行业主管部门建立涵盖生食三文鱼产品物种学名、海淡水养殖方式及产地产区强制标识制度。在保障消费者知情权和食品安全的基础上，将“购买哪种三文鱼”的选择权还给消费者，有助于消费者打消顾虑，买的明明白白，增强消费信心，消费者也就不会再纠结于“谁是真正的三文鱼”“吃三文鱼会不会得新冠”这些伪命题了，这也将会极大地避免消费者将不满发泄到政府有关部门，有助于提高政府公信力。

就质量安全监管程序来讲，应进一步强化产地和市场流通过程例行通用水产品违禁药品、重金属等投入品抽查检验，实施食源性鲑鳟鱼病原体专项病原体强制检疫制度。同时，对主要病原体、生物胺等重要食品安全风险因子应加强跟踪监测及防控研究，找出风险隐患关键点，为风险管理和风险交流提供依据。

（三）提高虹鳟种业自主创新能力及良种国产化水平

从全球鲑鳟鱼育种产业形态看，虹鳟消费市场对商品鱼规格、海淡水养殖方式及养殖场条件布局差异都非常大，对苗种需求也趋于多样化。相应地，虹鳟育种公司的数量相对于大西洋鲑显得尤为多，除美国鳟鱼庄外，仅欧洲知名的全球性或国家区域性虹鳟育种公司数目就有近 20 家。美国鳟鱼庄供卵能力达每年 5 亿粒以上，欧洲较大型的 10 余家虹鳟育种公司年发眼卵的生产总规模为 10 亿粒以上，合占市场发眼卵总产量的 2/3 左右。欧洲还存在着大量的中小型育种公司和一些自给自足的小型发眼卵生产商，几乎每个欧洲国家都有 1~2 家大型发眼卵生产企业。

参考欧盟国家等非虹鳟原产国的虹鳟育种经验策略，国内相关水产科研机构应加强消化吸收并本土化改良渔业发达国家 20 世纪已经行之有效的一些虹鳟选育和制种关键技术，采取“引种”和“育种”相结合的策略，充分利用引进国外种质和国内现存种质两类资源培育具有自主知识产权的虹鳟新品种，突破虹鳟全雌三倍体规模化制种工艺，并在此基础上实现虹鳟育种和制种装备自主研发和生产，最终打破有关国家在中国养殖鲑鳟鱼苗种市场的垄断地位。

（四）探索开发离岸海洋冷水资源规模化养殖鲑鳟鱼类

我国近岸海域由于上层海水温度过高，导致鲑鳟鱼类无法顺利度夏。海洋学研究已经发现，我国黄海西北部专属经济区有一个面积达数万平方公里的冷水团，其夏季底层水温 10℃左右，非常适宜于鲑科鱼类的生长，限于设施装备、技术工艺及各系统运行耦合等因素，该冷水团自发现以来基本未被渔业开发利用。“十三五”以来，在农业农村部及山东省的大力支持下，中国海洋大学与日照万泽丰渔业有限公司合作采用我国首座用于深远海养殖的全潜式渔业养殖装备“深蓝1号”在山东日照以东130海里的黄海冷水团试验养殖鲑鳟鱼并获得初步成功，现在已经开始探索规模化养殖。黄海冷水团的渔业开发有可能会形成深远海鲑鳟鱼养殖产业，并有望形成数千亿元效益的冷水鱼产业带，包括养殖工程装备、海洋能发电设备、育种、饲料加工、疫苗生产、水产品加工、冷链物流、物联网等几乎全部的产业链条。

此外，我国本土鲑鳟鱼种质的保护及开发利用也可以增加生食三文鱼种质选择来源，如在黑龙江的抚远、吉林的图们江都有大麻哈鱼、驼背大麻哈鱼及马苏大麻哈鱼等太平洋鲑鱼的产卵场分布。黑龙江水产研究所自2004年开始开展大麻哈鱼苗种规模化培育技术研究，已经掌握了大麻哈鱼开口混养期和稚幼鱼摄食节律，制定了苗种饲育技术与管理模式，确定出适宜大麻哈鱼生长的温度、盐度和水质等环境指标。2013 年以来，黑龙江水产研究所联合山东东方海洋科技股份有限公司进行陆基循环水系统海水人工养殖并取得了初步成功。大麻哈鱼规模化南移养殖，将为我国土著珍稀鱼类的异地保护和种质资源综合利用开拓新途径，也可以大大增加国产海水养殖鲑鳟鱼供给，缓解公众对淡水鲑鳟鱼的非理性焦虑，还可以进一步提升我国大规格鲑鳟鱼的国产化能力。

基于上述分析，我们坚信，我国鲑鳟鱼养殖业在标准化的养殖方式和规范化的市场监管条件下，仍将能够以其优良的品质和优惠的价格在中国消费市场占有重要地位，中国鲑鳟鱼养殖产业也将会实现健康蓬勃地有序发展。

参考文献

[1]A Wrobel，JC Leo，D Linke. Overcoming fish defences: The virulence factors of *Yersinia ruckeri*[J]. Genes, 2019，10: 700.

[2]Agnieszka P，Paździor E，Antychowicz J，et al.. Kocuria rhizophila and Micrococcus luteus as emerging opportunist pathogens in brown trout (*Salmo trutta* Linnaeus,1758) and rainbow trout (*Oncorhynchus mykiss* Walbaum, 1792) [J].Aquaculture, 2018, 448(6): 285-289.

[3]Anderson D P, Siwicki A K. Duration of protection against Aeromonas salmonicida in brook trout immuno-stimulated with glucan or chitosan by injection or immersion [J]. The Progressive Fish Culturist, 1994, 56: 258-261.

[4]Arthur J R，McKenzie R C，Beckettn G J. Selenium in the immune system[J]. The Journal of Nutrition, 2003, 133, 1457S-1459S.

[5]B Austin, D A Austin. Bacterial fish pathogens: diseases of farmed and wild fish. Springer，2010.

[6]Balaji N Sastry，Aurelio A DeLosReyes Jr, Kelly A Rusch Ronald F. Nitrification performance of a bub-ble-washed bead filter for combined solids removal and biological filtration in a recirculating aquaculture system[J]. Aquacultural Engineering, 1999, 19:105-117.

[7]Bastias J M，Balladares P，Acuna S，et al. Determining the effect of different cooking methods on the nutritional composition of salmon (Salmo salar) and chilean jack mackerel (Trachurus murphyi) fillets[J]. PLOS ONE,2017, 12，e180993.

[8]Beatrice-L P Z. The lactic acid bacteria in health and disease[J]. Trends in Food Science & Technology, 1993, 4(8): 266 -268.

[9]Birkeland S, Skara T. Cold smoking of Atlantic salmon (Salmo salar) fillets with smoke condensate--an alternative processing technology for the production of smoked salmon[J]. J FOOD SCI, 2008, 73, S326-S332.

[10]Bondad-Reantaso M G，Fejzic N，MacKinnon B, et al. A 12-point checklist for surveillance of diseases of aquatic organisms: a novel approach to assist multidisciplinary teams in developing countries[J]. Reviews in Aquaculture, 2021, 1-19.

[11]Borderias A J, Sanchez-Alonso I. First processing steps and the quality of wild and farmed fish[J]. J FOOD SCI, 2011, 76, R1-R5.

[12]Bula R J，Morrow R C，Tibbits T W，et al. Light-emitting diodes as a radiation source for plants [J]. Hort Science, 1991, 26(2):203-205.

[13]Butler D H, Koivisto S, Brumfeld V, et.al. Early evidence for northern salmonid fisheries discovered using novel mineral proxies[J]. Sci Rep, 2019,9(1):147.

[14]Cao Y, Li S, Han S, et al.. Characterization and application of a novel Aeromonas bacteriophage as treatment for pathogenic Aeromonas hydrophila infection in rainbow trout[J]. Aquaculture, 2020, 523, 735193.

[15]Carole B, Michel L, Pierre J, et al. Fatty Acid Composition of Wild and Farmed Atlantic Salmon(*Salmo salar*) and Rainbow Trout (*Oncorhynchus mykiss*)[J]. Lipids, 2005, 40(5): 529-531.

[16]CE Starliper. Bacterial coldwater disease of fishes caused by *Flavobacterium psychrophilum*[J]. Journal of Advanced Research, 2011, 2: 97-108.

[17]Chen J P, Sun D J, Dong C Z, et al. Genetic analysis of four wild chum salmon Oncorhynchus keta populations in China based on microsatellite markers[J]. Environmental Biology of Fishes, 2005, 73: 181-188.

[18]Chen Y P, Hua X J, Ren X Y. Oral immunization with recombinant *Lactobacillus casei* displayed AHA1-CK6 and VP2 induces protection against infectious pancreatic necrosis in rainbow trout (*Oncorhynchus mykiss*). Fish & Shellfish Immunology, 2020, 10(1): 18-26.

[19]Dalmo R A, Bogwald J, Ingebrigtsen K, et al. The immunomodulatory effect of laminaran β(1,3)-D-glucan on Atlantic salmon, Salmo salar L.,anterior kidney leucocytes after intraperitoneal,peroral and peranal administration[J]. Journal of Fish Diseases,1996,19: 449-457.

[20]Elson P F. Atlantic salmon rivers,smolt production and optimal spawning: an overview of natural production[J]. International Atlantic Salmon Foundation Spec Publ Series, 1975. No. 6.

[21]FAO. The state of world fisheries and aquaculture. Rome: FAO. 2020a.

[22]FAO. Fisheries & Aquaculture-Cultured Aquatic Species Information Programme-*Oncorhynchus mykiss* (Walbaum, 1792). 2020b.

[23]FAO. Fisheries & Aquaculture-Cultured Aquatic Species Information Programme-*Salmo salar* (Linnaeus, 1758). 2020b.

[24]Food and Agriculture Organisation (FAO) of the United Nations. The State of World Fisheries and Aquaculture 2000 [M]. FAO,Rome,Italy ,2000.

[25]George C Embody, Charles O Hayford. The Advantage of Rearing Brook Trout Fingerlings from Selected Breeders[J]. Transactions of the American Fisheries Society, 1925, 55(1):135-148.

[26]Ghaly A E, Dave D, Budge S, et al. Fish spoilage mechanisms and preservation techniques: review[J]. American Journal of Applied Sciences, 2010, 7(7): 859-877.

[27]Gluchowski A, Czarniecka-Skubina E, Wasiak-Zys G, et al.. Effect of Various Cooking Methods on Technological and Sensory Quality of Atlantic Salmon (Salmo salar). FOODS 8, 2019.

[28]Haq I U, Chaudhry W N, Akhtar M N, et al. Bacteriophages and their implications on future biotechnology: a review[J]. Virology Journal, 2012, 9(1):9.

[29]I Sommerset, B Krossøy, E Biering, et al. Vaccines for fish in aquaculture[J]. Expert Review of Vaccines, 2005, 4(1): 89-101.

[30]Iwamoto T, Hosoda K, Hirano R, et al. Inhibition of low-density lipoprotein oxidation by astaxanthin[J]. Journal of Atherosclerosis and Thrombosis. 2000, 7, 216-222.

[31]Javoid M Y, J M Anderson. Thermal acclimate and temperature selection in Atlantic salmon, *Salmo salar* and rainbow trout, *S. gairdneri*[J]. Fish. Res. Board Can. 1967, 24: 1507-1513.

[32]Kennedy D O. B vitamins and the brain: Mechanisms，dose and efficacy-a review[J]. Nutrients. 2016. 8,68.

[33]Liming Xu, Jingzhuang Zhao, Guangming Ren, et al. Co-infection of infectious hematopoietic necrosis virus (IHNV) and infectious pancreatic necrosis virus (IPNV) caused high mortality in farmed rainbow trout (Oncorhynchus mykiss) in China[J]. Aquaculture, 2019 (512): 734286-734286.

[34]Liu Y，Liu H B，Wu W H，et al. Effects of stocking density on growth performance and metabolism of juvenile Lenok (*Brachymystax lenok*)[J]. Aquaculture. 2019b, 504: 107-113.

[35]Liu Y, Liu J S, Ye S W, et al. Global metabolic responses of the Lenok (*Brachymystax lenok*) to thermal stress[J]. Comparative Biochemistry and Physiology-Part D: Genomics and Proteomics, 2019a, 29: 308-319.

[36]Maria K，Basoulis D，Konstantopoulou S. Health benefits of probiotics: a review[J]. Nutrition, 2013, 4 (2): 7-13.

[37]McCrimmon H R, B L Gots. World distribution of Atlantic salmon，*Salmo salar*[J]. J. Fish. Res. Board Can, 1979, 36: 422-457.

[38]Meysam Shakoori, Hoseinifar Seyed-Hossein, Paknejad Hamed, et al. Enrichment of rainbow trout (*Oncorhynchus mykiss*) fingerlings diet with microbial lysozyme: Effects on growth performance，serum and skin mucus immune parameters 2019[J]. Fish & Shellfish Immunology, 2019, 8(6): 480-485.

[39]Milad K, Firouzbakhsh F, Deldar H. Effects of feeding with red algae (*Laurencia caspica*) hydroalcoholic extract on antioxidant defense, immune responses, and immune gene expression of kidney in rainbow trout (*Oncorhynchus mykiss*)

infected with *Aeromonas hydrophila*[J]. Aquaculture, 2020, 527(3): 53-61.

[40]National Research Council (NRC). Nutrient requirements of fish and shrimp[M]. National Academic Press, Washington, DC. 2011.

[41]Nelson J S. Fishes of the World (4th ed.)[M]. John Wiley and Sons, New York, 2006.

[42]NOAA Fisheries. Atlantic salmon (protected). 2020.

[43]North B P, Turnbull J F, Ellis T, et al. The impact of stocking density on the welfare of rainbow trout (*Oncorhynchus mykiss*)[J]. Aquaculture, 2006, 255: 466-479.

[44]North B P, Turnbull J F, Ellis T, et al. The impact of stocking density on the welfare of rainbow trout (*Oncorhynchus mykiss*)[J]. Aquaculture, 2006, 255: 466-479.

[45]P H Liao, A Chen, K V Lo. Removal of nitrogen from swine mature wastewaters by ammonia stripping [J]. Bioresource Technology, 1995, 54: 17-20.

[46]Poblete E G, Drakeford B M, Ferreira F H, et al. The impact of trade and markets on Chilean Atlantic salmon farming[J]. Aquaculture International, 2019, 27: 1465-1483.

[47]Ren G, Xu L, Lu T, et al. Protective effects of lentinan on lipopolysaccharide induced inflammatory response in intestine of juvenile taimen (Hucho taimen, Pallas)[J]. International Journal of Biological Macromolecules, 2019, 121: 317-325.

[48]Ren G, Xu L, Lu T, et al. Structural characterization and antiviral activity of lentinan from Lentinus edodes mycelia against infectious hematopoietic necrosis virus[J]. International Journal of Biological Macromolecules, 2018, 115: 1202-1210.

[49]Salmond G P, Fineran P C. A century of the phage: past, present and future[J]. Nature Reviews Microbiology, 2015, 13(12):777-786.

[50]Salo E O. Pacific Salmon Life Histories[M]. Univ B C,Vancouver,1991.

[51]Sealey W, Barrows F, Hang A, et al. Evaluation of the ability of barley genotypes containing different amounts of β-glucan to alter growth and dis-ease resistance of rainbow trout oncorhynchus mykiss[J]. Animal feed science and technology, 2008, 141(1): 115- 128.

[52]Shen L Lin, Chang L Wu. Removal of nitrogenous compounds from aqueous solution by ozone and Ion ex-change[J].Wat Res, 1996, 30（8）: 1851-1857.

[53]Swanson D，Block R, Mousa S A. Omega-3 fatty acids EPA and DHA: health benefits throughout life[J]. Advances in Nutrition (Bethesda, Md.), 2012, 3, 1-7.

[54]Tania P S, Mora-Sánchez B, Vargas A, et al. Changes in intestinal microbiota and disease resistance following dietary postbiotic supplementation in rainbow trout (*Oncorhynchus mykiss*)[J]. Microbial Pathogenesis, 2020, 142 (10): 40-60.

[55]Thorsdottir I, Tomasson H, Gunnarsdottir I, et al. Randomized trial of weight-loss-diets for young adults varying in fish and fish oil content[J]. International Journal of Obesity, 2007, 31, 1560-1566.

[56]Timmons M B. Use of foam fractionators in aquaculture [A]. Aquaculture Water Reuse Systems: Engineering Design and Management[M]. Elsevier, Amsterdam, 1994, 24: 72-79.

[57]T P Loch, M Faisal. Emerging flavobacterial infections in fish: A review[J]. Journal of Advanced Research, 2015, 6: 283-300.

[58]U.S. Department of Agriculture. Agricultural Research Service. Food Data Central. fdc. nal. usda. gov, 2019.

[59]曹广斌，蒋树义，韩世成，等. 冷水性鱼类循环水养殖系统设计及养殖虹鳟试验研究[J]. 水产学杂志，2010，23(3): 44-48.

[60]曹永生，李绍戊，王荻，等. 噬菌体在鲑鳟鱼细菌病治疗中的应用研究进展[J]. 水产学杂志，2019，32:1-8.

[61]柴静茹，王荻，卢彤岩，等. 嗜冷黄杆菌及细菌性冷水病的研究进展[J]. 大

连海洋大学学报，2020，35(5): 755-761.

[62]常宝全，徐绍刚. 土著鲑鳟鱼养殖品种[J]. 北京农业，2013，22，9.

[63]常杰，牛化欣，胡宗福，等. 细鳞鲑幼鱼 n-3 H UFA 需求量的研究[J]. 淡水渔业，2017，47(6): 81-87.

[64]常杰，牛化欣，胡宗福，等. 细鳞鲑幼鱼对饲料中维生素 E 的需求量[J]. 动物营养学报，2017，29(11): 4085-4092.

[65]陈中祥，曹广斌，杨谦，等. 低温硝化细菌的筛选及特性研究[J].江苏农业科学，2011，39(4): 284-286.

[66]崔康成，刘伟，高文燕，等，大麻哈鱼产卵场河流适宜性指数构建及权重分析[J]. 生态学杂志，2020，38 (12): 3762-3770.

[67]董崇智，姜作发. 中国内陆冷水性鱼类渔业资源[M]. 哈尔滨: 黑龙江科学技术出版社，2008.

[68]董崇智，李根钢. 绥芬河大麻哈鱼类溯河群体结构的初步研究[J].水产学报，1989，13(2): 124-132.

[69]董崇智，夏重志，姜作发，等. 黑龙江乌苏里白鲑生殖群体生态学特征及资源保护[J]. 水产学杂志，1997，10(1): 14-21

[70]董双林. 黄海冷水团大型鲑科鱼类养殖研究进展与展望[J]. 中国海洋大学学报(自然科学版)，2019，49(3): 1-6.

[71]范兆廷，姜作发，韩英. 冷水性鱼类养殖学[M]. 北京:中国农业出版社，2008.

[72]冯剑，赵景壮，刘森，等. 我国虹鳟传染性造血器官坏死病防控研究现状[J]. 水产学杂志，2019，(02): 14-18.

[73]高鹏飞，张善亭，赵树平，等. 乳酸菌在水产养殖业中的应用[J]. 家畜生态学报. 2014，35(7): 82-86.

[74]桂建芳，周莉，张晓娟. 鱼类遗传育种发展现状与展望[J]. 中国科学院院刊，2018，33(9): 932-939.

[75]韩世成，郭常有，蒋树义，等. 工厂化水体 LED 光照沉水植物对氨氮的吸

收[J]. 水产学杂志，2013，26(4): 47-50.

[76]郝涤非. 水产品加工技术[M]. 北京:科学出版社，2011.

[77]洪威. 现阶段我国鱼类育种与苗种培育技术的发展趋势[J]. 现代畜牧科技，2017(05): 61.

[78]户国，谷伟，白庆利，等. 主要养殖鲑科鱼类遗传育种的研究进展[J]. 水产学杂志，2012，25(3): 58- 62.

[79]户国，谷伟，王鹏，等. 电子标记辅助虹鳟家系建立及快速生长家系筛选[J]. 中国水产科学，2012，19(1)：77-83.

[80]户国，王炳谦. 国际虹鳟育种产业简介及其对我国的借鉴意义[J].水产学杂志，2017，30(3): 1-6.

[81]纪锋，王炳谦，孙大江，等. 我国冷水性鱼类产业现状及发展趋势探讨[J]. 水产学杂志，2012，25(3): 63-68.

[82]纪利芹，孙国祥，王艺，等. β-葡聚糖对杀鲑气单胞菌感染后虹鳟应激过程的调节作用[J]. 中国水产科学，2018，25(1): 181-191.

[83]姜作发，霍堂斌，马波，等. 黑龙江流域鱼类资源现状及放流鱼类选择[J]. 渔业现代化，2009，36(2): 64-69.

[84]解玉浩. 东北地区鱼类志[M]. 沈阳：辽宁科学技术出版社，2007.

[85]匡友谊，佟广香，徐伟，等. 黑龙江流域哲罗鲑的遗传结构分析[J]，中国水产科学，2010，17(6): 1208-1217.

[86]乐佩琪，陈宜瑜. 中国濒危动物红皮书(鱼类)[M]. 北京: 科学出版社，1998.

[87]李桂峰，康裕财，孙际佳，等. 酵母多糖对赤眼鳟非特异性免疫机能的影响[J]. 中山大学学报(自然科学版) ，2003，7: 55-58.

[88]李培伦，刘伟，王继隆，等. 盐度对大麻哈鱼幼鱼存活率、鳃 ATP 酶活力及其组织结构的影响. 水生生物学报，44(3): 562-569.

[89]李培伦，刘伟，王继隆，等. 盐度对养殖大麻哈鱼血液生化指标及消化酶活力的影响[J]. 西北农林科技大学学报(自然科学版)，2020，(9): 10-16.

[90]李培伦，王继隆，鲁万桥，等. 养殖大麻哈鱼生长前期生殖相关内分泌激素水平及性腺组织学观察[J]. 贵州农业科学，2020，48(11): 54-59.

[91]李绍戊，王荻，连浩淼，等. 大西洋鲑杀鲑气单胞菌无色亚种的分离鉴定和致病性研究[J]. 水生生物学报，2015，39(1): 234-240.

[92]连浩淼，卢彤岩，刘红柏，等. 虹鳟肠炎红嘴病病原菌的确定及其生长特性研究[J]. 大连海洋大学学报，2015，30(5): 498-504.

[93]梁丽群，常玉梅，董崇智. 黑龙江乌苏里白鲑遗传多样性分析[J]. 中国水产科学，2004，11(6): 501-505.

[94]梁新民. 虹鳟鱼名贵依据及养殖注意事项[J]. 科学种养，2019，(01): 57-58.

[95]林洪. 水产品营养与安全[M]. 北京:化学工业出版社，2007.

[96]刘红英. 水产品加工与贮藏[M]. 2 版. 北京:化学工业出版社，2012.

[97]刘帅，卢彤岩，李绍戊. 冷水性鱼类疫苗研究进展[J]. 中国预防兽医学报，2017，39(1): 74-79.

[98]刘伟，战培荣，王继隆，等. 大麻哈鱼胚胎耳石微结构及其群体环境标记[J]. 水生生物学报，2013，(5):929-937.

[99]刘伟，支兵杰，战培荣，等. 盐度对大麻哈鱼幼鱼血液生化指标及肝组织的影响[J]. 应用生态学报，2010，21(9): 2411-2417.

[100]刘晓贺，顾敬敏，韩文瑜，等. 应用噬菌体 GH15 和 K 治疗金黄色葡萄球菌感染[J]. 微生物学报，2013，53(5): 498-506.

[101]刘洋，高坚，曹小娟，等. 不同脂肪源对细鳞鲑生长、脂质代谢及抗氧化性能的影响[J]. 水生生物学报，2018，42 (3): 533-541.

[102]刘洋，刘红柏，徐革锋，等. 水温对不同规格细鳞鲑摄食和生长的影响[J]. 中国水产科学，2018，25(2): 286-293.

[103]刘洋，徐革锋，牟振波. 黑龙江水系细鳞鱼肌肉营养成分分析与品质评价[J]. 营养学报，2010，32(1): 99-100.

[104]刘永，曹广斌，蒋树义，等. 冷水性鱼类工厂化养殖中臭氧催化氧化降解

氨氮[J]. 中国水产科学，2005，6: 790-795.

[105]娄忠玉. 我国鲑鳟鱼养殖品种现状及发展前景[J]. 科学养鱼，2003，11，5.

[106]罗茵，刘荭. 我国水生动物防疫体系建设正在进行[J]. 海洋与渔业，2020，(01)，88-79.

[107]马波，姜作发，霍堂斌. 基于线粒体 DNA 控制区序列变异探讨黑龙江和图们江细鳞鲑属鱼类的分类地位[J]. 动物分类学报，2009，34(3): 499-506.

[108]马波，姜作发. 乌苏里江 2 种细鳞鲑种群遗传多样性及亲缘关系的微卫星分析[J]. 中国水产科学，2007，14(1): 39-45.

[109]马波，石连玉，董崇智. 乌苏里白鲑的生化遗传结构[J]. 中国水产科学，2003，10(3): 195-200.

[110]马波，尹家胜，李景鹏. 黑龙江流域两种细鳞鲑的形态学比较及其分类地位初探[J]. 动物分类学报，2005，30(2): 257-260.

[111]牟振波，李永发，徐革锋，等. 细鳞鱼在人工流水养殖下的生长特性[J]. 水产学杂志，2011，24(2): 13-13.

[112]牟振波，李永发，徐革锋，等. 细鳞鱼全人工繁育技术的研究[J]. 水产学杂志，2013，26(1): 15-18.

[113]牟振波. 二十一世纪前十年全球鲑科鱼类养殖状况[J]. 水产学杂志，2013，26(2): 59-62.

[114]尼科里斯基. 黑龙江流域鱼类[M]. 北京：科学出版社，1960.

[115]农业农村部渔业渔政管理局，全国水产技术推广总站，中国水产学会. 中国渔业统计年鉴[M]. 北京：中国农业出版社，2019.

[116]农业农村部渔业渔政管理局，全国水产技术推广总站，中国水产学会. 中国渔业统计年鉴[M]. 北京：中国农业出版社，2020.

[117]史秀兰，王炳谦，黄天晴，等. 黑龙江乌苏里白鲑(*Coregonus ussuriensis Berg*)胚胎发育观察研究[J]. 海洋与湖沼，2020，51(2): 415-421.

[118]孙大江，王炳谦. 鲑科鱼类及其养殖状况[J]. 水产学杂志，2010，23(2):

56-63.

[119]唐富江，刘伟，徐凤龙，等. 黑龙江水系(中国)秋大麻哈鱼回归群体变动分析[J]. 上海海洋大学学报，2010，(1): 74-79

[120]田超群，王继栋，盘鑫，等. 水产品保鲜技术研究现状及发展趋势[J]. 农产品加工，2010，(8): 17-25.

[121]田希文，陈春山，于信勇，等. 利用胰蛋白酶分离乌苏里白鲑鱼卵的技术研究[J]. 淡水渔业，1994，24(3): 11-13.

[122]汪开毓，刘荭，卢彤岩，等. 鲑鳟疾病彩色图谱[M]. 2 版. 北京：中国农业出版社，2018.

[123]王丙乾，曹广斌，牟振波，等. 鲑鳟鱼类健康养殖的研究现状及发展趋势[J]. 水产学杂志，2013，16(2): 83-89.

[124]王炳谦. 中国鲑鳟鱼养殖[M]. 北京: 中国农业出版社，2015.

[125]王臣，刘伟，王继隆，等. 大麻哈鱼胚胎耳石的茜素红标记及其效果评价[J]. 中国水产科学，2014，(6): 1268-1276.

[126]王臣，刘伟，战培荣，等. 外源 Sr2+在大麻哈鱼胚胎耳石上的沉积[J]. 应用生态学报，2015，(10): 3189-3194.

[127]王丰，问思恩，陆斌，等. 秦岭北麓低温溪流水健康养殖三倍体虹鳟试验[J]. 水产养殖，2018，39(5): 11-12.

[128]王继隆，刘伟，李培伦，等. 野生和养殖大麻哈鱼肌肉营养成分与品质评价[J]. 广东海洋大学学报，2019，39(2): 126-132.

[129]王继隆，刘伟，唐富江. 黑龙江水系(中国)大麻哈鱼生物学特征分析[J]. 中国水产科学，2013，20(1): 93-100.

[130]王继隆，刘伟，王臣，等. 基于耳石微化学的乌苏里白鲑生境履历分析[J]. 水生生物学报，2019，43(4): 825-831.

[131]王继隆，刘伟，王维坤，等. 绥芬河大麻哈鱼个体生物学研究[J]. 水生生物学报，2020，44(1): 162-169.

[132]王继隆，刘伟，杨文波，等. 绥芬河大麻哈鱼增殖放流效果评估[J]. 应用生态学报，2019，30(10): 3572-3578.

[133]王继隆，唐富江，刘伟. 大麻哈鱼的年龄与生长[J]. 水生生物学报，2012，36(6): 1149-1155.

[134]王继隆，唐富江，朱翥，等. 乌苏里江秋大麻哈鱼生殖洄游群体结构特征与分析[J]. 湖南农业科学，2011，(21): 120-123，128.

[135]王建波. 我国鲑鳟鱼养殖产业 SWOT 分析及对策建议[J]. 中国水产，2016，(02): 37-42.

[136]王思念，刘春艳，乔亚琼，等. 枯草芽孢杆菌在动物饲料营养中的应用研究进展[J]. 饲料与畜牧，2018，7: 56-59.

[137]王艺，纪利芹，孙国祥，等. 饲料中添加 β-葡聚糖对虹鳟部分生长指标和血液生理指标的影响[J]. 渔业科学进展，2018，39(3): 67-73.

[138]徐革锋，刘洋，李永发，等. 细鳞鲑早期发育过程中的消化系统发生[J]. 中国水产科学，2013，20(4): 733-742.

[139]徐革锋，刘洋，牟振波，等. 细鳞鲑早期发育过程中免疫器官发生[J]. 中国水产科学，2012，19(4): 568-576.

[140]徐革锋，牟振波，陈怀发，等. 三倍体虹鳟(Oncorhynchus mykiss)卵巢分化及滞育的调控机制研究[J]. 海洋与湖沼，2017，48(02): 358-367.

[141]闫波，刘宁. 乳酸菌及其在食品工业中的应用与展望[J]. 食品研究与开发，2014，4: 22-25.

[142]永敏. 虹鳟鱼运输关键技术环节[J]. 农家之友，2017，(11): 51.

[143]俞爱萍. 微生态制剂及在水产养殖上应用研究[J]. 中国水产，2015，12: 76-78.

[144]袁园，葛莹，钟佳祎，等. 酵母菌在动物饲料营养学中的研究进展[J]. 饲料博览，2018，4: 19-22.

[145]战培荣，刘伟. 人工环境饲养大麻哈鱼初步试验研究[J]. 农业工程学报，2011，(A2): 182-186

[146]张峰，权生林. 虹鳟鱼人工繁殖和养殖技术[J]. 水产养殖，2015，36(12): 22-24.

[147]张觉民. 黑龙江省鱼类志[M]. 黑龙江科学技术出版社，1995.

[148]张俊丽，高天翔，韩志强，等. 3 种白鲑线粒体细胞色素 b 和 16S rRNA 基因片段序列分析[J]. 中国水产科学，2007，14(1): 8-14.

[149]张慜，肖功年. 国内外水产品保鲜和保活技术研究进展[J]. 食品与生物技术，2002，21(1): 104-107.

[150]张枭，王荻，卢彤岩，等. 虹鳟肠炎红嘴病病理模型的构建[J].水产学报，2018，42(2): 282-290.

[151]张艳艳，赵国先，李树鹏，等. 益生菌-酵母菌综合开发利用的研究进展[J]. 饲料博览，2015，11: 28-31.

[152]张媛媛，宋理平. 鱼类免疫系统的研究进展[J]. 河北渔业，2018(2): 49-56.

[153]支兵杰，刘伟，赵春刚，等. 盐度对大麻哈鱼幼鱼消化酶及碱性磷酸酶活力的影响[J]. 上海海洋大学学报，2009，(3): 289-294.